農協改革と平成合併

田代 洋一

筑波書房

はじめに

戦後農協の歴史は合併の歴史だといっても過言ではない。そのなかで本書は、「平成」とともに始まる第二の農協合併の高揚期を、固有の歴史をもった「平成合併」と捉え、典型例としての1県1ＪＡも含め、その実態を明らかにしようとするものである。

「平成合併」の特徴は、何と言っても、その最終局面において官邸農政の農協「改革」と重なった点である。財界・官邸・農政が農協に「改革」を押し付ける「押し付け改革」に対して、農協陣営は「自主改革」を掲げるが、今日の農協合併はその一環として進められている面もある。このような「押し付け改革」と「自主改革」のもみ合いの渦中にある「平成合併」の本質を、合併農協の事例のなかに探ろうとするのが本書の目的である。

平成期は２０１９年に終わるが、その後も合併は続いていくだろう。しかし農林中金の還元（奨励）金利率が大きく引き下げられる中で、合併を追求するにしても、それは「平成合併」とは異なったものにする必要がある。農協は新たなビジネスモデルに転換し、農協像そのものを刷新する必要があり、合併もその一環として考える必要がある。

農協合併をめぐっては鋭い賛否の対立がある。しかし本書は合併の是非を声高に論じようとするものではない。合併するか否かを決めるのは何よりもまず組合員、役職員であり、賛否いずれの立場にたつにしても先行事例に学ぶべきであり、経験に基づく論点整理が必要である。そのお手伝いができないかというのが本書執筆の動機である。

事例のヒアリングは２０１７年度に集中的に行ったが、一部は18年度にも入っている（数字は基本的に２０１８年の総代会資料に基づいている）。ヒアリング結果は既に『農業協同組合新聞』（ＪＡｃｏｍ）に公表しているが、一書にまとめるに当たって、第1章で合併の歴史を顧み、第4章では筆者なりの事例のまとめを追加した。第2章では1県1ＪＡ化の事例を扱い、第3章では県内数ＪＡ合併の事例を扱った。

本書が合併を検討するうえでの何らかの参考になれば、そしてまた合併に限らず、農協を中心とした最新の農政時論として読んでいただければ幸いである。

２０１８年7月

田代　洋一

目次

第1章　合併の歴史と論点

はじめに

本章は、農協合併の歴史を振り返りつつ、「平成合併」の歴史的位置を確かめ、合併は何を狙ったのかを探り、ヒアリングに当たって立てた論点を紹介する。

第1節　合併の展開過程

1　時期区分と合併前史

時期区分

表1－1に総合農協の5年ごとの減少数を示した。減少率が高いほど合併が進んだという見立てである。それによるとピークは1960～75年の高度経済成長期と1985～2005年のグローバル化期の二つある。そこから本書は合併史を四期に分ける

表 1-1　5年間の農協数の減少率と事業の伸び率

単位：%

	農協数	販売額	購買額	貯金額	長期共済保有
1960～65	25.3	107.1	118.3	206.0	273.4
1965～70	32.3	69.7	102.8	163.8	201.9
1970～75	201.0	114.2	144.7	156.8	289.9
1975～80	8.0	21.8	55.0	75.8	184.7
1980～85	5.4	21.7	11.2	44.8	73.7
1985～90	14.3	△4.2	△0.4	44.2	40.9
1990～95	28.6	△8.0	△2.3	20.3	24.8
1995～20	38.6	△17.6	△18.2	6.1	4.5
2000～05	42.6	△8.2	△17.1	9.7	△7.6
2005～10	18.8	△6.4	△13.5	8.9	△13.7
2010～15	6.1	7.1	△12.7	11.4	△12.0

注：「総合農協統計表」による。

ことにする(1)。

Ⅰ期　1960～75年　第一次ピーク期
Ⅱ期　1975～85年　鈍化期
Ⅲ期　1985～2005年　第二次ピーク期
Ⅳ期　2005年～　大規模合併期

なお、合併のスピードという点でⅣ期を分けたが、「平成合併」としてはⅢ期と連続的である。

前史

1960年以前にも合併の前史がある。1950年の総合農協数は1万3314、それが1960年には1万2221で、10年間に8・2%ほど減ったが、後の時期に比べれば量的に必ずしも多くなかった。戦後農協法の下で町村未満の群小農協が乱立し、直ちに経営困難に陥り、全国農協大会も「総合農協の区域は原則として町村の区域」とし、「組合の適正規模化を推進すること」と合併を促した。

1953年に町村合併促進法が制定され、人口8000人以上をめざすようになり、閣議決定「町村合併基本方針」は、農協についても「農村経済の機関としての機能を十分に果たしうるよう、可能な限り、合併を行う」とした。農政も経営破たんを救済するために再建整備法（51年）や整備促進法（56年）を制定し、前者による整備組合数は2405にのぼり、後者では、行政は「合併についての協議をすべき旨の勧告をすることができる」とした。1956年からの新農村建設事業も、町村内の1農協をメインの補助対象とすることで、間接に合併を促したが、整促法による合併実績は198件にとどまっていた(2)。

政府はこの二法による助成を口実に「カネを出す以上は口も出す」として戦後農協への介入を決定的に強めていった(3)。戦後改革期の「民主的農協」という法の建前にもかかわらず、過度に行政介入度が強い、いいかえれば行政依存度の強い「自主団体」という戦後農協の体質がつくられた。

2　高度経済成長期の合併（第Ⅰ期）

高度経済成長と合併

第Ⅰ期の合併高揚期には二つの背景がある。第一は、高度経済成長である。表1―1にみるように、この時期、農協の各5年の事業量の伸び率は著しかった。販売量、購買量では倍、貯金や共済では3倍に延びる勢いだった。とくに共済は70～75年には4倍に迫った。このように拡大する事業量を追って農協もまた合併により自らの規模を大きくすることで、それを取り込もうとした。貯貸率も45～50％程度を維持し、農村の資金需要も伸びていた。

1954年通達で、信用事業を行う総合農協が地域で過半数を占める場合は、新たな総合農協の設立は不認可であり（地域独占）、かつ日本の農協は「地域ぐるみ」的だったので、農協が市場拡大を取り込むには、農協の新設ではなく、規模拡大しかなかった。

この期に准組合員比率も高まっていくが、なお2割台にとどまっており（表1―2）、基本的に「農家の協同組織」の実質を保ちながらの事業拡大であり、合併だった。ただし、純収益では販売事業は基本的に赤字であり、65年には購買事業の黒字で補てんできなくなり、経営的には信用事業依存度が極め

表 1-2　総合農協の変遷

単位：%

	准組合員比率	貯貸率	総純収益=100 とした部門比率			
			信用事業	共済事業	購買事業	販売事業
1960	11.6	44.7	208.8	17.2	32.2	△20.5
1965	14.0	45.2	153.6	8.4	1.0	△23.2
1970	19.1	52.9	190.8	24.3	△30.9	△27.4
1975	25.6	51.1	143.6	37.6	△28.3	△15.3
1980	28.5	41.2	120.5	68.8	△25.7	△9.0
1985	31.8	31.7	96.5	59.4	△21.7	△13.2
1990	35.6	25.2	98.3	71.8	△29.4	△18.2
1995	39.8	28.2	77.8	126.4	△36.8	△22.1
2000	42.4	30.5	119.6	191.3	△101.9	△37.8
2005	45.6	27.0	95.4	105.1	△19.5	
2010	51.3	27.7	107.0	69.8	△16.1	
2015	57.3	23.4	96.5	55.8	△5.7	

注：農水省「総合農協統計表」による。総純収益の構成は、『新・農業協同組合制度史』第 7 巻のデータより作成。
65 年は 66 年、75 年は 76 年、85 年は 86 年、90 年 91 年、95 年は 96 年の数値。

て高くなった。

行政主導的合併

第二の促進要因は行政との関係である。

基本法農政の農協対応はアンビバレントだった。建前的には基本法の立案者たちは農協を批判的にみていた。彼らは、ヨーロッパ流のコーポラティズム（団体が内部に強い統制力を発揮しつつ政府と政策協議していく体制）と比較して、日本では「本来『農民指導の組織』であるはずの農業団体が国や都道府県などの政策主体の代行機関ないし末端機関的色彩をもち『農民支配の組織』と化しているのではないか」(4)として、「農業政策の分担機関として都道府県や市町村を重視し、農業団体をむしろ補完的副次的に考える」立場をとった。こうして国家予算面では「市町村という本格的な行政組織を通した行政主導型の農林水産行政が急激に重要になって来て、団体を使った予算がだんだんと少なくなってきたことから、農業協同組合などの役割も変わってき」たとされる。具体的には基本法農政は農業構造改善事業を軸に展開され、全国3100市町村について各1~3地区を選んでモデル事業を行うものとされ、その受け皿として、農協にも町村規模への合併が求められた。

しかし他方で現実の農業基本法は事業面では農協を重視し、また「生産工程についての協業」の具体化として農事組合法人制度を創設し(62年)、61年に「農業基本法の関連法」として農協合併助成法を制定した。それに対して、農協の全国組織は、「内発的必然性に基づかない画一的合併は協同組合の自主性をそこなうとして、合併に傍観者的態度をとった。これに対し、都道府県段階では合併促進に積極的だった」とされている(5)。かくして合併助成法は主として高度経済成長の現実を踏まえた県・県中央会からの要望にもとづき時限立法された。

その目的は「適正かつ能率的に事業経営を行うことができる農業協同組合を広範に育成」することとされ、もっぱら事業体としての農協に着目したものだった。助成は具体的には、施設整備補助金、各種指導補助金、法人税法・登録税法上の優遇措置等である。また通達で正組合員1000戸以上が一応の目安とされた。

要するに霞が関や大手町のレベルでは農政と農協はイデオロギー的に対立していたが、現実の県・町村レベルでは合併への国庫助成が切望され、合併助成法が合併を促進した面が強い。

「対立」は、農政が市町村を事業主体とする農業構造改善事業を軸に進めたのに対して、農協は「営農団地構想」を対置するかたちをとった点である。具体的には全国農協大会(60年末)で畜産、稲作、野菜等の営農団地構想が提起された(6)。

営農団地構想は「国の構造改善事業のような、補助金その他の行政的支援のない、系統農協の自主的な農家経済防衛運動であった」とされる。68年からのモデル営農団地の設定をみると、稲作については集団栽培等の取り組みもみられるが、折からの選択的拡大に沿った畜産・園芸の産地形成が主である。具体的には複数農協による広域団地形成、営農指導員の作目専任担当制、高能率機械・施設の共同利用等に取り組む。

このような性格からして、現実には構造改善事業と営農団地建設は「対立的」というよりは相互補完的に進行したと言える。

合併の実態

1960年と65年の対比で合併の実績をみると、1組合当たりの正組合員537人→799人、職員13・5人→27・5人だった。組合員4000戸以上の大規模農協も136組合出現した(7)。

全中は1965年の「農協系統組織の整備方針」で、組合員の意思反映と経営安定の面から、単協規模は「経済圏と行政区域(市町村ないしは数カ町村)の一致するところ」(8)が望ましいとし、69~70年には、「系統農協の合併は今後、自主合併を基本」とし、「同一経済圏ないし生活圏の範囲」、「行政区域との関係では市町村ないしは数市町村の範囲」、「とくに農村地域では営農団地造成規模をめど」とし、標準規模も正組合員2000~6000戸程度、職員100名以上とした。

表1－3によると61~66年には町村未満農協の解消が大きく、60年代後半以降は、加えて郡市以上区域の農協数の増加が著しい。組合員規模では2000戸以上、3000戸以上農協の増大である。これ

表1-3　行政区域別農協数の推移

		府県未満	郡市区域	郡市未満	町村区域	町村未満	合計
実数	1961年3月	123	209	3,888	1,597	6,229	12,046
	1966年3月	126	385	2,113	1,823	2,869	7,316
	1970年3月	141	410	1,838	1,866	1,930	6,181
	1975年3月	193	466	1,458	1,674	1,148	4,939
構成比	1961年3月	1.0	1.7	32.3	13.2	51.7	100.0
	1966年3月	1.7	5.2	28.9	24.9	39.2	100.0
	1970年3月	2.3	6.6	29.7	30.2	31.2	100.0
	1975年3月	3.9	9.4	29.5	33.9	23.2	100.0

注：1）２県以上は除外した。
2）農林省「農業協同組合等現在数統計」による。
3）『新・農業協同組合制度史』第１巻（1996）585頁より引用。

は、集出荷施設の建設等による畜産、野菜、果樹等の広域営農団地構想に対応するものだろう。70年代前半までの大規模農協の出現としては宮崎県が多い。

　このような行政規模を超える広域合併の進展をもって、「（昭和）45年度以降の合併は、それまでの合併が『行政主導的』色彩が強かったものから、『系統自主推進』のいわば第二段階に入った」とされる[9]。とはいえ合併助成法は3年ごとの議員立法として継続された。

　単協の規模拡大の結果として信用事業依存度の高い都市農協問題や単協の全国連直接加入問題が生じ、また高度経済成長の波に乗って急拡大した各事業のあり方について、全中総審への諮問に基づいて系統経済事業研究会（67〜69年）、系統金融研究会（73〜75年）、農協共済制度研究会（73〜74年）が相次いで持たれるようになった。

3　低成長期・グローバル化期の合併

Ⅱ期・鈍化期

　低成長期への移行とともに、1975年以降は農協数の減少も鈍化していく。表1－1でみても農協の各事業は高度経済成長期のような伸長は期待できなくなった。とくにトップを走ってきた共済事業のペースダウンが著しかった。純収益では信用事業の寄与率が落ちた。事業拡大に伴う農協合併の動きもペースダウンした。

他方で、都市化の波と農業金融の需要減退から、准組合員比率は75年の4分の1から85年の3分の1に増え、貯貸率は51％から32％に激落する。農協の地域協同組合化、地域金融機関化であるが、後者については地域から貯金を吸収しつつ、地域での運用機会・能力に欠け、県信連・農林中金からの還元金（奨励金）への依存を強めていく。地域外部での運用利ざやに依存した地域農協経営の存立と言える。

農協合併助成法はほぼ3年ごとの議員立法で２００１年3月まで断続的に続くが、今期の78～80年と82～85年は空白だった。

Ⅲ期・第二次高揚期

表1－1によると80年代後半から農協数の減少は上向き始め、時を追ってそのスピードは高まり、90年代後半にはⅠ期を上回るに至り、21世紀の5年間にピークに達する。

他方、事業量の方は販売・購買事業はマイナス成長に転じ、貯金や長期共済保有高の伸長も90年代後半には一桁台に落ち、後者は21世紀にはマイナス成長となる。純収益の構成では共済事業が信用事業を上回るに至る。共済事業が事業量を落としつつも、農協経営を支える時代になった。

Ⅰ期を上回る合併が、Ⅰ期とは真逆の事業環境下で起きているのが今期の特徴である。合併を突き動かすのは、まさにこのような事業環境への対応である。すなわち１９８０年代後半からのグローバル化に伴う金融自由化（金利自由化、業際規制緩和、内外市場分断の緩和）のなかで、農協経営を支えてきた信用事業が、競争激化による貯金伸び率の低下と利ざやの縮小から収益を減らし、前述のように90年代に入り、純収益トップの地位を共済事業に明け渡すことになった。

このような事態に対して80年代後半から90年代初頭にかけて全中の総合審議会（総審）や全国農協大会で相次いで合併構想が打ち出されている。すなわち85年の全中「農協合併の推進方策」は、「金融自由化」に対応して、単協の正組合員の最低規模を2000戸以上から3000戸以上に引き上げ、都市化地域では貯金300億円以上とし、また市町村未満・1000戸未満の農協の合併を強力に推進することとした(10)。88年全国農協大会は21世紀までに1000農協をめざす決議をした。合併により、「自己責任経営が可能な農協」すなわち「自己完結型」農協の確立がめざされ、それに伴い事業二段・組織二段への移行が策された。

合併の最大の阻害要因は固定化債権であり、その流動化・償却のために「合併推進支援基金」（30億円）が1992年に業務開始された。

合併推進により、1992年には農協数が市町村数を下回ることになり(11)、「平成の市町村合併」によってもその傾向は逆転せず、2016年には市町村数1718に対して総合農協数は691、1農協に2・5市町村が含まれることになる。

1995年当時の農協数、構想農協数、そして2015年の農協数を地域別に比較すると表1－4のごとくである。構想達成目標年次は1996～2000年に集中するが、目標を示した都道府県の半数近くは1998年を達成年次としている。構想数では、香川、佐賀が県1農協、一桁台が山形、神奈川、山梨、福井、滋賀、和歌山、鳥取、島根、岡山、高知、長崎、沖縄である。この合併構想は、その後手

表 1-4　1995 年現在の各地域の合併構想

	1995 年の農協数①	1995 年の構想数②	2015 年の農協数③	③/①	③/②
北海道	237	37	116	49.0	313.5
東北	423	79	86	20.3	108.9
北陸	233	41	72	30.9	175.6
関東	369	86	134	36.3	155.8
東山	103	24	34	33.0	141.7
東海	143	78	39	27.3	50.0
近畿	270	61	58	21.5	95.0
中四国	440	82	86	19.6	104.9
九州・沖縄	283	87	80	28.3	92.0
計	2,501	575	705	28.2	122.6

注：『新・農業協同組合制度史』第 3 巻（1997）572 頁による。
2015 年の農協数は「総合農協統計表」による。

直しされたものもあるが、基本的には、次期も含め今日に至る合併の指針・目標になっている。

実際はどうだったか。2015年の農協数は1995年の28％にまで減っているが、構想農協数に対して2015年の実農協数は1・2倍である。目標達成率が高い（③／②が低い）のは、概して東海以西の西日本であり、東日本は低い。しかし東日本の中でも東北だけは目標達成率が西日本並みに高く、農協減少率では全国トップである。農協合併は西高東低で進み、東北がその例外だと総括できるが、なぜ東北が例外になるのかは筆者には不明である（第4章第1節で再考）。

信用事業を軸にした今期の合併のなかには、今日もなお高水準の販売額を有している東北、中南九州等の産地農協も含まれている。

JAバンク法とJAバンク化

単協が合併に邁進した80年代後半以降、貯貸率は5年ごとに10ポイントづつ落ちていき、単協が集めた貯金は県信連により多く預けられるようになった。そうしたなか信連が住専問題の直撃を受け、政府は、96年の農協改革2法（農林中金と信連の統合法、経営管理委員会制度の導入）を制定し、2001年には統合法改正（JAバンク法）で、「JAバンク基本方針」を定めることとし、農林中金（以下「農中」）の指導が信連のみならず単協にも及ぼせることにした。また農中と信連の統合は一部譲渡もできることとし（これにより一部の県信連の農中統合が実現した）、単協は貯金事業の全部を農中・信連に譲渡した場合にも業務代理できる特例を設けた（42条）。これが単協信用事業の代理店化の根拠法である。これに沿って農協系統も2000年の全国農協大会で「JAバンク」化、「一つの金融機関」化を打ち出した。

JAバンク化は、客観的には、それまでの農協の広域合併による自己完結性の追求という路線に対して、単協が大型化しても自己完結性は不可能だとして、農中による統制力を強めて「一つの金融機関」とする路線を対置したものである。農政は前述のように21世紀には農協合併助成法を延長せず、JAバンク法をもって、後者の路線に明確に舵を切った。

この路線は単協の信用事業を県信連・農中が取り込むものともいえるが、それに対して2000年前後に登場した1県1JA化は、逆に県信連機能を単協が取り込む路線といえる。しかしそのような路線対立は必ずしも表面化することなくⅢ期は過ぎた。

Ⅳ期・大規模合併期

2005年以降、農協減少率は鈍化しているので、一応、Ⅲ期と分けたが、信用事業中心の合併という論理はⅢ期と同様であり、単協減少率の鈍化は、合併の機運が衰えたというより、既に1000を割るに至った農協の（再）合併は困難を極めることを示唆すると言える。

今期の特徴は2つある。一つは1県1JA化の動きであり、今一つは農協「改革」下の合併である点である。

1県1JA化については、JAしまねがその先頭を切り、山口県（県域貯金1・2兆円、2015年）が2019年合併をめざしている。そのほか2017年1月には徳島県（8500億円）、4月には福岡県（2・7兆円）、11月に福井県（8600億円）が名乗りを上げた。1県1JA化は貯金1兆円を一つの目安にしているようで、例えば大阪府（4・7兆円）は4~5JAを検討しているが、福岡2・7兆円も1JA化を目指しているので一概に割り切れない。

東日本では今のところ1県1JA化は先の福井県を除き表面化していないが（文化・交易面から同県を東日本とするか検討を要する）、大型合併への動きは増大している。

第2節　農協「改革」と平成合併

1　安倍官邸農政と農協「改革」

安倍政権にとっての農政

「安倍農政」というが、これまで歴史上、首相の名を冠した農政はなかった。それほどまで安倍政権にとって農政は重要である。自他ともに自民党の支持基盤とされた農協、体制内圧力団体と呼ばれてきた農協にとって、安倍農政は理解不能で戸惑うばかりである。当初は「TPPに反対したから」といった理由も挙げられたが、それだけではあるまい。

安倍農政の最大の特徴は「官邸農政」の点である。官邸が権力を集中し、政策の司令塔になっていることは何も農政に限らない。にもかかわらず「安倍農政」と呼ぶのがぴったりするのはなぜか。

第二次安倍政権が官邸への政治権力をかつてなく集中できた理由としては、小選挙区制による党首への権力集中、首相・内閣府権限の強化、内閣人事局による官僚人事支配等があげられるが、なかでも小泉内閣時代との決定的な相違は、政権交代選挙等を通じる自民党農林族の消滅である。官邸がそれまでの党・官僚支配に風穴を開けるうえで、農政は最も弱い環になり、「党・官僚・農協」のトライアングルを突き崩すことができた。

安倍首相は第一次安倍内閣の政治・イデオロギー優先の政治の失敗から、憲法改正という究極目的に達するために、国民の関心が最も高い経済からアプローチすることとし、アベノミクスを打ち出した。その三本の矢とは異次元金融緩和、経済成長、機動的財政支出だが、金融緩和によるデフレ脱却はかなわず、財政支出も公債がＧＤＰの二倍にも嵩むなかで限界があり、残るのは経済成長しかない。ＧＤＰ（国内総生産）の増大は国内でモノを生産しないことには果たせないが、従来の成長産業はことごとく海外進出してしまい、残るのは内需産業たる教育、福祉、農業等しかない。

そこで農業が経済成長の要とされ、「農業の成長産業化」「企業化」が追及されることになる。とはいってもそれは簡単ではなく、不可能に近い。そこで「農業の成長産業化」を阻害するものとして農協の存在をでっちあげ、「農協がさぼっているから農業所得が増大しない。農業所得を増大させるため農協を改革しろ」と農協「改革」を強制することになったと言える。

安倍政権は「戦後レジームからの脱却」をイデオロギーとして掲げている。脱却すべき「戦後レジーム」とは何よりもまず日本国憲法体制だが、戦後の民主的農協もまた戦後レジームの一環をなす。それをぶち壊そうとする農協法改正が「60年ぶりの改正」「戦後以来の改革」と強調される所以である。

安倍内閣は内閣支持率を維持するため、TPP、農協「改革」(12)、地方創生、働き方改革と次々と「改革」花火を打ち上げねばならないが、なかでも農協「改革」は規制改革推進会議等の財界勢力にとっての利害に絡み、法改正で「改革」を制度化したこともあり、打ち上げ花火に終わらずなお空中にあり、林業・卸売市場・漁業等の分野に拡大している(13)。

農協改革をめぐる攻防

官邸農政の農協「改革」の錦の御旗は、改正農協法第7条の「組合は、その事業を行うに当たっては、農業所得の増大に最大限の配慮をしなければならない」とする「農業所得の増大」である。それは農業競争力強化支援法等にも引き継がれている。

一般的には「農業所得の増大」は誰もが望むことであり、逆らい難い錦の御旗と言える。しかしグローバリゼーション時代の世界の農政の主軸は、農業所得の確保の主軸を直接所得支払政策に移しており、先進国では日本だけがそれを避けている現実を忘れるべきではない。

政府がそのような政策転換を行わず、むしろ逆行しているなかで、農業所得の増大の責任があげて農協に転嫁され、農協「改革」が押し付けられているわけだが、それに対して農協系統は「自主改革」に邁進している。2014年11月、全中は「JAグループの自己改革について」で、基本目標を「農業者

表 1-5　日本農業新聞（全国版）が掲載した自己改革の記事数

	産地振興	販売力強化	資材価格引下げ	地域活性化	担い手育成	意識・情報共有	その他	計	月平均件数
2016年4～12月	65	14	3	5			17	104	11.5
2017年4～7月	101	75	10	22				208	50.5
8～12月	65	74	32	23	30	28		252	50.4
2018年1～5月	72	62	17	35	25	34		250	50.0

注：1）2017年7月までは、担い手育成、意識・情報共有の分類はない。
2）2016年4～12月は、筆者の分類、その他は日本農業新聞の分類。
3）2016年4～12月の「その他」は、組織刷新14件、信用事業関係3件。
4）「日本農業新聞」の概ね毎月9日頃の号による。2016年4～12月は、同紙2017年1月19日号による。

の所得増大」「農業生産の拡大」「地域の活性化」の３点に定めた。

ＪＡの実践におけるその力点の推移をみたのが表１－５である。これは日本農業新聞が自ら取り上げた記事を自らの分野区分に従い整理したものを筆者が再整理したものであり、新聞は全国連の動きも取りあげているが、再整理では単協・県連に限定している。これによると自己改革の取組は、まず２０１６年に「産地振興」にはじまり、２０１７年上期に「販売力強化」に拡大し、さらに17年下期に「資材価格引下げ」に波及し、２０１８年には「地域活性化」に及んでいる。「産地振興」の件数は落ちているが、17年下期から「担い手育成」を分離したためと思われ、両者合わせれば一貫して「産地振興」が首位である。また「資材価格引下げ」は必ずしも件数が多くないが、これは全農の努力によるところが大きく、それをカウントしていないことも響いている。

問題は、このような努力がどう評価されているかであるが、農水省のアンケート調査結果をみたのが表１－６である。平成29年度農業白書は「総合農協と農業者の評価には一定の差があります」として「取組成果の還元が急務」と指摘している。確かに差は大きいが、ここで「農業者」とは「認定農業者を基本」とするもので、農業者一般の評

表 1-6　農協の自己改革に関するアンケート結果

単位：%

区分	回答者	2016	2017	2018
販売事業の見直しについて「具体的取組みを開始した」	JA	68.0	87.7	93.8
	農業者	25.6	32.2	38.3
生産資材事業について「具体的取組みを開始した」	JA	65.5	88.3	93.6
	農業者	24.0	34.1	42.1
「組合員との徹底した話合いを進めている」	JA	48.9	76.6	90.2
	農業者	21.9	30.6	35.2

注：1）農水省「農協の自己改革に関するアンケート調査」による。
2）農業者は認定農業者を基本とする。
3）平成 29 年度農業白書、日本農業新聞 2018 年 6 月 23 日。

価とは言えない。にもかかわらず特に生産資材購買事業の見直しについては、「具体的取組みを開始した」と評価する「農業者」が24％→34％→42％と10ポイントぐらいづつ増えているのが注目される。単協として一番取り組みづらい点が最も評価されているのは特筆に値する。

生産資材価格の引き下げについては、スポット的な価格比較はあまり意味がなく、長期取引の中で、また品質との関係で総合評価されるべきであり、価格引下げという形をとるのでなく、取引量に応じて値引きするなどの期中還元方式で「見える化」をはかっている単協も多い。そういう点が大口利用者にも評価されているのだろう。

表の読み方として、「一定の差」よりも評価ポイントが着実に高まっていることを評価すべきである。改正農協法はその附則で、農協「改革」の状況をみながら、5年後（2019年5月）に准組合利用規制のあり方を検討するとしているが、ポイント数が傾向的に高まっている状況下で「アンケート調査を踏まえて准組合員利用規制を導入する」措置をとるのは合理性に欠ける。

2　信用事業の譲渡・代理店化

信用事業の譲渡・代理店化

このような自己改革に対して、農政側が「改革」の決め手として強調するのが信用事業の譲渡・代理店化である（以下では信用事業を信連等に譲渡したうえで、その代理店として信用事業の窓口機能を行う「代理店」化に絞る）。

規制改革会議答申（2014年6月）は、信用事業の拡大は、農協法制定当時に想定されなかった事態であり、「単協の経済事業の機能強化と役割・責任の最適化を図る観点から、単協はその行う信用事業について、不要なリスクや事務負担の軽減をはかるため、JAバンク法に規定された方式……の活用を図る」としている。この「方式」が譲渡・代理店化に他ならない。それは直ちに『農林水産業・地域の活力創造プラン　改訂版』に取り入れられ、「単位農協の経営における金融事業の負担やリスクを極力軽くし、人的資源等を経済事業にシフトするようにする」とされた。規制改革推進会議・農業WGは「農協改革に関する意見」（2016年11月11日）で、さらに「自らの名義で信用事業を営む地域農協を、3年後を目途に半減させるべき」とまでした。

JAバンク法に係わり後に次官になる当時の奥原経営局長は、2014年7月の講演で「信用事業は、金融事業の国際化で手に余る状態。今後、地銀の再編も見込まれ、これからの信用事業はリスクが極めて高くなる。……信用事業はJAにとってのお荷物になる時代が来るかもしれない」としていた。

代理店化は、言われるように2001年JAバンク法に定められた方式であり、そもそも2015年段階の農協法改正のテーマではない。それが〈奥原局長→規制改革会議→活力創造プラン〉のルートで農協「改革」のメインテーマに躍り出たわけである。

代理店化となれば、単協が擁する貯金を信連・農中に譲渡し、そちらの勘定に移る。それにより、これまでの信連からの還元額は、貯金・貸付金に対する手数料に代わる。また事業管理費をどれだけ削減できるかも大きな関心である。

農水省の担当官は以上を詳細にパラフレイズしている（経営局金融調整課「農協の信用事業を取り巻く環境について」各年版パワーポイント）。曰く、①農協の貸出の7割が住宅ローンだが、農村部ほど人口減少が激しく先細り、②金利低下、マイナス金利で地銀の7割が減益（2016年）。加えて農中の運用環境は厳しく還元水準は低下、③あれやこれやで3年連続減益の農協が3割（2016年）、加えてバーゼル規制が強化（劣後ローン、土地再評価差額金等のコア資本参入不可）、④フィンテック（IT技術による金融サービス）で将来的に金融店舗が不要になる、といった点をあげる。

また代理店化のメリットとして、ⓐ信用事業から経済事業への人員シフト、ⓑ自己資本比率、Jバンク基本方針にしばられず、担当理事・監事の必置義務もなし、貯金保険料等のコストも不要、ⓒ地域に対する金融サービスは継続、ⓓ相応の代理店手数料で収支維持、など良いことづくめを指摘している。

農水省は触れていないが、さらにメリットとして、ⓔ公認会計士監査を免れることができ、ⓕ将来的に農中が株式会社化すれば員外利用規制も外れる。

農政のあげるメリットについては、ⓐは逆に単協から信連への関係職員の出向になりかねず、ⓑの貯金保険料等は元々高すぎ、ⓒは貯金通帳の名義も「○○農協」から「△△県信連」あるいは「農林中金」に代わり、「おらが農協」ではなくなり、将来的に支店統廃合も確実、ⓓ「相応の」とは一体いくらなのか不明（前述）、といった疑問点があげられる。

なお同文書では、ＪＡの選択肢の一つとして合併をあげたうえで、「合併協議に非常に手間と時間が必要（最終的にまとまらない可能性）」「経済事業に必ずしもプラスにならない」としており、協同組織課の係官は講演等で「今まで合併構想を進めてもなかなかうまく進まなかった現実がある」、「合併というのは、やれるところまでやってしまったという部分があるのではないか」と、合併には見切りをつけている。

つまり農水省にとっての農協「改革」は、「合併にあらず、代理店化のみ」ということである。

しかし、農協「改革」と合併が、「関係ない」と割り切るのは早計である。そもそも合併の背景には金融自由化、金融をめぐる競争の激化、金利低下等があり、とくに日本の場合はアベノミクスの異次元金融緩和と、日本だけがそこからの脱出路を見いだせない困難があり、このようなアベノミクスの失政による超低金利、マイナス金利が合併を強いているからである。農協「改革」を押し付けている安倍官邸が生み出した経済状況に強いられた合併の面がある。とくに産地農協としては、信用事業優先の合併への違和感があろう。

代理店化の実態――ある都市農協の場合

先の農水省パワーポイントは代理店化には「魅力ある手数料水準の設定が必要」としている。農水省は活力創造プランに「単位農協の経営が成り立つように十分配慮する必要がある」と書き込ませたことをもって、「魅力ある手数料水準」が担保されたかのつもりでいる。しかし手数料水準はあくまで経済的経営的に決まることであり、政策の介入余地は限られている。

ある都市農協の一例を示そう。数字を丸めた概数で示すと、組合員4万人台で、准組合員比率は80％超、その出資割合も50％弱に達する。

貯金8000億円強、貸付金2500億円で貯貸率30％強、自己資本比率15～20％である。経常利益のほとんどは信用事業で賄われ、出資配当はかなり高率である。立地的に信用事業に傾斜したＪＡだが、都市農業振興に腐心している。

それに対して、2017年に県信連より提示された代理店手数料等を現行の総合農協と比較すると次のようである。貸出金利は9割の大幅減、貯金金利の減少は3分の1にとどまるが、事業管理費は2割弱しか下がらず、ネット収支は4分の1に激減である。経営全体として赤字にならないものの存続すれすれになる。事業管理費は代理店としての業務内容等にもよろうが、少なくともこの例では農政が思う水準とは桁違いである。

これが、先の『農林水産業・地域の活力創造プラン　2014年6月24日改訂』で、「単位農協に農林中金・信連の支店・代理店を設置する場合の事業のやり方及び単位農協に支払う手数料の水準（単位農協が自ら信用事業をやる場合の収益を考慮して設定する）を早急に示す」（ゴチは引用者）と政府が約束したことの結果である。自前で信用事業をやる場合と実質同等の収益が保証されるどころか、徹底した収益減である。

「代理店方式では業務システムやＡＴＭ、本部管理業務等にかかる経費負担が無くなり単協の実質的な収入水準は、原則的には現行の兼営形態と同じになるはずである」という識者の「原則」論もあるが(14)、いかがなものだろうか。

代理店化のテコとしての准組合員利用規制

これでは代理店化は単協にとって現実的な選択肢になり得ない。そこで代理店化を迫る奥の手として持ち出されたのが准組合員利用規制に他ならない。これまた規制改革会議答申で「農協の農業者の協同組織としての性格を損なわないようにするため、准組合員の事業利用について、正組合員の事業利用との関係で一定のルールを導入する方向で検討する」とされたものである。同会議の「農業改革に関する意見」（２０１４年5月）では、「准組合員の利用は正組合員の事業利用の2分の1を越えてはならない」としていた。そして改正農協法の附則で「准組合員の組合の事業のあり方に関する規制の在り方については、施行日から5年を経過するまでの間、正組合員及び准組合員の組合の利用の状況並びに改革の実施状況について調査を行い、検討を加えて、結論を得る」とされたのは周知のことである。２０２1年には期限の5年が来る。ここでは、「規制の有無」ではなく「在り方」のみが検討対象とされ、また准組合員利用規制に「改革の実施状況」までが絡まされている点に非論理性を感じる。

その影響はいかなるものか。数字を例示する。

例えば神奈川県の県域平均をみると（２０１6年）、貯金総額を１００とした構成は、正組合員35％、准組合員45％、員外20％である。そこで准組合員の利用上限が正組合員の2分の1に制限されたとすると、新たな貯金総額は＝正組35％＋准組17・5％＋員外17・5％＝70％に、30％減る。

員外は20％なので、総額＝35＋17・5＋20＝72・5としてもよいはずだが、それでは員外利用が准組利用より多くなり、准組合員の意味がなくなってしまう。そこで員外利用の上限を法定の25％未満でかつ准組利用までとすれば、先の70になるわけである。つまり准組利用規制はそれだけにとどまらず、員外利用も減らす二重の負の影響をもたらすことになる。

准組利用を正組と同額に規制すれば、新たな貯金限度額は元の90・7％で、10％弱の減になる。しかしそれは員外利用25％の場合であり、同ＪＡの実際の員外利用は21％なので、現実には新たな貯金額は88％にとどまり、影響はより大きくなる。

農村部をとって員外利用を例えば10％とすれば、准組合員利用が正組合員の50％に規制された場合は、正組合員利用が60％未満（准組利用30％以上）だと規制後貯金額が減り、正組合員利用と同額までに規制された場合は、正組合員の貯金割合が45％未満（同45％以上）で減る。

かくして、准組合員利用規制の影響は農村部から都市部に向かって准組合員や員外利用が増えるにしたがって強まり、地域金融機関化した農協の否定につながる。

准組合員利用規制は可能か

官邸農政はまたしても、「信用事業を代理店化するか、さもなくば准組合員利用規制を飲むか」の二者択一を農協系統に迫っている。では准組合員利用規制は可能か。結論的には筆者は不可能と判断する。その理由として識者は、准組合員の利用を規制することは、農協法7条の「組合は、その事業によってその組合員及び会員のために最大の奉仕をすることを目的とする」という「助成請求権」に反する、あるいは財産権の侵害になる、といった点をあげているが(15)、抽象的である。筆者は農協の独禁法適用除外との関係を考えたい。

独禁法は、その適用除外をうける組合の要件の一つとして「各組合員が平等の議決権を有すること」をあげている。その法の精神は組合員平等ということであろう。議決権平等は形式的権利だが、利用制限となると実質的な権利制限になる。それは法の精神に反し、准組利用規制するなら独禁法適用除外も止めることになるだろう。だが、それだけの荒療治をする政治力が今の安倍政権に残されているかは疑問もある。その意味で准組合員利用規制は抜かずの「伝家の宝刀」であり、脅しには使えても、抜いたら自らに跳ね返る。

他方で、このような立論には大きな欠陥がある。それは農協法ではそもそも准組合員に議決権を認めていないからである。その点からすれば農協は独禁法適用除外にならないはずだが、現実には除外されている。その根拠は現農協法第8条（原農協法7条）の、独禁法に掲げる適用除外の「要件を備える組合とみなす」という「みなし規定」であっさりクリアされているのである。この「みなし規定」は他の組合にもある。

なぜ「みなし規定」が通ったのか。農協法制定当時は准組合員の比重は20％未満と少なかったからだろう。しかるに今や准組合員は57％、出資比率24％を占める（2015年）。状況が変わったのは規制改革会議が指摘する通りと言わざるを得ない。これだけの比重を占める組合員に議決権を与えないのは協同組合として致命的欠陥であり、世界の協同組合原則にも反する。

農協が真に「食と農を基軸に地域に根ざした協同組合」という自己規定を貫くのであれば、もはや問

表 1-7　道府県ごとの地銀生き残り可能性

	道府県名
2 行でも競争が可能	宮城、埼玉、千葉、神奈川、静岡、愛知、大阪、広島、福岡、鹿児島
1 行なら存続が可能	北海道、岩手、山形、福島、茨城、新潟、長野、滋賀、京都、兵庫、愛媛、熊本、沖縄
1 行単独でも不採算	青森、秋田、栃木、群馬、富山、石川、福井、山梨、岐阜、三重、奈良、和歌山、鳥取、島根、岡山、山口、香川、徳島、高知、佐賀、長崎、大分、宮崎

注：朝日新聞 2018 年 4 月 17 日による。原資料は金融庁。
　　東京都は判断対象から外したとされる。

題の先送りは許されず、准組合員に議決権を与える方向に舵を切るべきである(16)。准組利用規制の阻止という守りの戦いから攻めの戦いへの転換である。

厳しい金融情勢のなかで

安倍「一強体制」の虎の威を借りて、２００１年以来の信用事業の譲渡・代理店化を強行しようとする農政の姿勢は間違っている。しかし、先に紹介した金融情勢の厳しさをめぐる農水省の個々の指摘は決して間違っていない。その後も情勢はいよいよ厳しくなっている。

農協の競合としての地銀については、その半分超が２０１７年３月期に本業の融資等で赤字になった。金融庁の調査では、表１－７にみるように、道府県内に2行あっても存続可が10（首都圏等が主）、1行なら存続可が13（東北の一部と近畿が主）、1行単独でも不採算が23県（北東北、北関東、北陸、一部の東海、西日本13県）とされる。そこには人口減による融資減が大きく響いている（朝日新聞、２０１８年４月17日）。そしてこの第三部類に、既に1県1ＪＡ化したり、検討している県が、福岡を除きことごとく入る。

『ＡＥＲＡ』２０１８年１月22日号は「銀行の寿命はあと7年」を

「大特集」した。国内に融資需要がない「オーバーバンキング（銀行過剰）」が原因だ。ＪＡバンクと並ぶ預金量をもつ、三菱ＵＦＪ、三井住友、みずほ等のメガバンクがそろって大量の人員・店舗・業務のリストラを公表している。

とくにみずほフィナンシャルグループは、今後10年程度で全従業員の約3割、１・９万人を削減し、8年で2割、１００拠点を減らすという。三菱ＵＦＪも２０２３年までに６０００人減、店舗の最大2割程度を機械化店舗に転換するという。

このような状況下で、代理店化は避けつつも、ＪＡ信用事業の強化を狙って、広域合併、なかんずく信連を取り込んだ1県1ＪＡ化への動きがあると言える。信用事業を核にした合併という点では、今日のそれは「平成合併」の延長線上にある。

こうしたなかで農中が還元（奨励金利率）の引下げを打ち出した（２０１８年4月）。それは主なヒアリングを終えた後の事態なので、第4章で改めて触れることにする。

第3節　何のための合併か

合併目的の変遷

そもそも農協は何のために、何をめざして合併するのか[17]。第1節では、その時々の合併の背景をみてきた。高度成長期の前半、１９６０年代半ばまでは、「行政主導型」の合併と言われた。農協の範域を合併する市町村のそれに合わせようとする動きである。「経済役場」とも呼ばれた農協が行政の便宜で、そしてさらに市町村を単位としてなされた基本法農政の都合で合併させられたという意味だろう。成長経済にとってあまりに狭小な農協単位の解消の意味合いもあった。農協としても急拡大する市場を取り込むうえで合併はプラスだった。

60年代後半に入り行政規模を超える農協が出現しはじめると、合併が「自主推進」されるようになる。それまでの市場拡大の取り込みの上に、第二次構造改善事業や広域営農団地の建設により産地規模が拡大し、ロット拡大を通じる市場シェアの確保による有利販売がめざされた。

そのような農協合併は70年代後半以降、市場拡大がしぼむとともに低調になっていった。そのことは、逆に、以上に見た合併の動因を説明するものでもあった。

それに対してグローバル化・金融自由化期の合併の再活性化は、農協信用事業の安定性、生き残りをかけたものといえる。

規模の経済は働くか

通常、合併による規模拡大を合理づけるのは、「規模の経済」の追求、その過程での「適正規模の達成」である。農協について、それはあてはまるだろうか。規模の経済は投入量の増大（規模の拡大）以上に産出量が増大する、あるいはコストが下がることによって確認される。

問題はまず、農協にとってそもそも「規模」とは何かであるが、「人と人の結合体」としての協同組合としては人の規模であり、正組合員数あるいは准組合員を含む総組合員数がとられる。そこで表1－8で正組合員規模別にいくつかの指標を並べてみた（というより「総合農協統計表」には正組合員規模別しかない)。

では何を指標にとるか。伝統的に組合員一人当たりの貯金額や販売額が採られてきた。その論理は恐らく、規模拡大(協同の輪の拡がり)が組合員経済を活性化する(注17も参照)はずという建前論だろう(積極効果)。今一つの論理は事業管理コストの削減である(消極効果)。

以上に基づく表1－8では、組合員一人当たり貯金額、正組合員一人当たり販売額といった積極効果では、規模の経済は見られない。それどころか規模が大きくなるほど下がる。

では消極効果はどうか。組合員一人当たり事業管理費(その7割強が人件費)をみると、正組合員2000人当たりを境に、それより下層は30万円前後、上層は15万円以上という段階差があり、その限りで規模の経済が認められるが、上層の内部では認められない。段階差の留意点については後述する。他方で、職員(正職員＋臨時職員)一人当たり事業総利益でみた労働生産性は規模が大きくなるほど下がる。

要するに規模の経済は事業管理費についてかろうじて認められる程度だと言える(18)。労働生産性の上昇を伴わない事業管理費の減少は、単なる合併による人員削減ともいえる。

ただし、表1－8では2つの点に注意する必要がある。第一は、下層三層のパフォーマンスの高さである。これは、499人以下層の76%、999人以下層の49%、1999人以下層の24%を北海道が占めていることだ(それぞれ北海道の農協の58%、27%、12%を占める)。それは准組割合の高さにも現れている。要するにそれは規模差を示すより地域差を示すものと言えるのではないか。

しかし1999人以下層あたりからも、上層にいくに従いパフォーマンスが落ちていることは否定の

表 1-8　組織規模別にみた 1JA 当たり事業額など―2015 年度―

正組合員規模別	組合員数（人）	准組比率（%）	貯金額（億円）	販売額（億円）	組合員当たり貯金額（万円）	正組合員当たり販売額（万円）	組合員当たり事業管理費（万円）	労働生産性（万円）
～499	1,544	81.9	147	65	954	2,307	35	782
～999	2,664	72.6	329	52	1,235	712	28	843
～1999	5,013	70.8	623	55	1,243	376	22	932
～2999	8,783	70.8	934	41	1,063	161	16	843
～4999	10,815	63.0	1,035	34	957	85	19	731
～9999	16,453	55.9	1,530	61	930	85	16	750
10,000～	36,707	53.6	3,229	119	880	70	15	726
平均	15,117	57.3	1,403	66	928	102	16	752

注：1）『総合農協統計表』平成 27 事業年度による。
　　2）労働生産性=事業総利益÷(正職員＋臨時)

しようがない(19)。

第二は、最大規模が1万人以上で一括されてしまっていることである。正組合員でも数万人以上という大規模ＪＡが生まれている下では、もしかしたら数万人規模クラスでは規模の経済が発揮されているかもしれない可能性を否定できない。その点は、第4章で、事例ＪＡを再整理するなかで確認することにしたい。

ともあれ、表1―8は、「なぜ規模の経済が働かないか」とともに、「にもかかわらずなぜ農協は合併するのか」という問題を提起している。

そこで、表1―8で規模とともに数字が上昇する項目をみると、1農協当たりの貯金総額や販売総額である。とくに貯金額は規模に正比例している。これは正組合員規模別なので、総組合員規模別にとればもっとはっきりするかも知れない。

そこから合併は、第一義的には規模の経済ではなく事業総額なかんずく貯金総額の増大をめざしてきたと推測される。また大規模層で総販売額が大きくなることは、正組合員規模別なので当たり前とも言えるが、前述のように一人当たりではむしろ下がる。この点からは合併は販売ロットの拡大をめざしていると推測される。

単位（組合員数）当たりでみた規模の経済を落とすにもかかわらず経済総量の拡大を求める農協合併は、経済効率を求めたポジティブなそれというより、総量確保を強いられた受け身の対応と言えるかもしれない。

適正規模論

合併が規模の経済を実現するものでないとしたら、もう一つの理由付けとして適正規模の追求論がある。規模の経済論と適正規模論は論理的には同じことだが、農協については「どれくらいが農協の適正規模か」とはよく問われる質問でもある。

農協は「組織（運動）体と事業（経営）体の矛盾的統合体」であり、かつ総合農協の事業は多角的であって、それぞれ適正規模を異にするとみるべきである(20)。

組織体としての適正規模は何をめざすかによって異なるだろう。その点が今日は揺れている。端的に住みよい地域生活をめざすのか、産地としての発展・確立をめざすのかである。前者であれば現実論として自治体の範域に規定されるだろうし、後者であれば産地規模に規定されるだろう。

事業体としての適正規模もまた事業によって異なり、そのいずれを主軸にとるかが問題である。今日の農協「改革」にとっては「農業所得の増大」につながる経済事業のそれになる。しかし現実の農協の経常利益が信用事業や共済事業によって支えられているからには、それらの適正規模を追求することが経営的に合理的な行動と言える。このうち共済事業は人と人のつながりによるところが大きいので、規模拡大が有利とは必ずしも言えない。残るのは信用事業になるが、前述のように地銀の合併が相次ぎ、メガバンクさえ生き残りをかけてリストラにのりだしている今日、その適正規模は現実の農協にとっては無限大に近いかも知れない。

かくして、目的とする信用事業の適正規模が不明なまま、信用事業の拡大をもとめて突き進んでいるのが「平成合併」だといえる。

第4節　合併をめぐる論点

そのような暗中模索の状況をヒアリングした結果の報告が本書である。ヒアリングの柱、事例紹介の共通項を示しておきたい。

合併の目的

合併の経過、その理由・目的である。何らかの地域共同体に依拠して展開してきた農協が、郡単位・県単位に一緒になるには長い時間を要し、紆余曲折がある。そのような長い時間と紆余曲折に耐えるには、よほどの覚悟がいる。いいかえれば合併しなければならない理由、目的が明確である必要がある。

合併のプローモーター

誰が音頭をとり、誰がリードし、誰が後押ししたのか。単協（トップ）同士の話し合いか、県中央会か、行政か。このような役柄配置で合併の成否、あり方（パーフェクトに1県1JA化できるか否か）は決まるといっても過言ではない。

連合会の取り込み

県域組織（中央会、連合会）を存置したのか包括承継したのか。それはこれまでの県域機能のあり方によってさまざまだろう。包括承継の場合の連合会職員の移籍状況と仕事の変化（たとえば貯金や共済の「推進」といったノルマ達成）も論点になる。

財務調整・支店・職員

合併に伴い旧農協間の債務格差等を処理する財務調整のあり方（優良農協への出資金増や特定枠基金の持ち込み）、支店統廃合や人員削減、職員の就業条件等の変更。合併時はそのままとしても何年か経て踏み切ったのか。その場合にどのような代替措置をとったのか。

旧単協の位置付け

旧単協の位置づけが一番の腐心のしどころのようだ。旧単協は、それぞれが培ってきた事業のあり方、債権債務とその内容、剰余金処分のあり方（出資配当率、事業利用分量配当の有無・基準）、人材がある。それを無理に統合しようとすれば合併そのものがご破算になる。かといって温存したのではいつになっても地域性が抜けず、合併効果を発揮できない。

地区本部制

より具体的には地区本部制の可否である。旧農協単位あるいは郡単位等に地区本部制を敷くのか否か、地区本部長の位置づけ（組織代表の常務等の役員か職員か）、地区本部の権限（分荷権、貸付決定権など）などである。また地区本部ごとの経営努力の結果をどう評価（成果配分）するのか、しないのか。さらには地区本部制をいつまで続けるのか。

ガバナンス

理事会制度を採るのか経営管理委員会制度を採用するのか。広域化にともなう意思決定の迅速性確保、地域性の打破と、組合員の声を聴くこととのバランスは悩ましい課題である。以上の三点はガバナンスの点で相互に関連する。

営農指導体制

地域農業振興、営農指導の体制をどう組むか。営農指導員やＴＡＣをどこに配置するのか。分荷権をどこが握るか。関連して作目部会組織や女性部、青年部の活動の拠点をどこに置くか。同一商品を扱う信用・共済事業と異なり、旧農協が産地農協として培ってきたものをどう前向きに活かしていくかは農協合併の決定的な論点である。

合併の成果と課題

合併から10年、20年を経て、記念事業に取り組むＪＡもあれば、合併ほやほやのＪＡもあり、一概に成果を問うのは時期尚早かもしれない。また既に次の課題ステージに直面しているかもしれない。

注

(1) １９９０年頃までの合併史の時期区分と論点については、北川太一「農協合併問題の歴史的系譜」『農林業問題研究』第99号、１９９０年。
(2)『農業協同組合制度史』第３巻、協同組合経営研究所、１９６８年、第５章第１節。
(3) 東畑四郎『戦後農政談』家の光協会、１９６０年、２８２頁。
(4) 農林漁業基本問題調査会監修『農業の基本問題と基本対策　解説版』農林統計協会、１９６０年、第１節第二～四。
(5)『農業協同組合制度史』第３巻（前掲）、第５章、６０５頁以下。
(6)『新・農業協同組合制度史』第１巻、協同組合経営研究所、１９９６年、第２章第４節。
(7) 同上、序章。
(8) 米坂龍男『四訂　農業協同組合史入門』全国協同出版、１９８５年、１５９頁。
(9)『新・農業協同組合制度史』第１巻（前掲）第７章第２節。
(10) 農業総合研究所が１９９２年に行った５００農協へのアンケート調査では、合併の目的について、合併農協の約６割、非合併農協の約８割が金融自由化対応あるいは信用事業の安定強化のためと回答している（両角和夫編著『農協再編と改革の課題』家の光協会、１９９７年、11頁）。
(11) １９９２年に農協系統は愛称として「ＪＡ」を名乗るようになった。本書でも、ほぼそのころを境に「農協」と「ＪＡ」を使い分けるようにしているが、ニュアンスの違いもあり、必ずしも統一していない。

(12)本書では、一般的には「農協改革」をもちい、安倍政権が押し付けようとしている農協改革には、農協「改革」とカッコ付きで表現する。

(13)安倍（官邸）農政については、拙著『戦後レジームからの脱却農政』筑波書房、2014年、同『官邸農政の矛盾』筑波書房ブックレット、2015年。

(14)青柳斉「信用事業分の論点」『農業と経済』2018年7・8月合併号。

(15)明田作「准組合員問題をめぐる論点とその検証」『農業と経済』2018年7・8月合併号。同「准組合員に関する制度論的論点と課題」『農林金融』2017年12月号。

(16)筆者は具体的には総数の4分の1までの議決権を付与すべきと考えている（『農協改革・ポストTPP・地域』筑波書房、2017年、61頁）。それは農協法改正を要し、それ故に法改正を避けて何らかの実態的処理をしようとする見解が多く、また農水省がそのような法改正を絶対に認めないことも言うまでもない。要は全面対決を避けるか否かであり、避けて論理が完結するかである。

(17)合併をめぐる論点については北川太一「農協合併論の系譜と課題」『協同組合研究』第10巻第1号。

(18)固定比率、総資本収益率、事業管理費比率、労働総生産性、給与分配率等からなる「総合的な財政力」も正組合員規模が大きいほど低いという計測結果がある。清水純一「財務から見た農協の類型化と広域合併への含意」両角和夫編著『農協再編と改革の課題』（前掲）。

(19)なぜ規模の経済が働かないかをめぐる研究として高田理「広域合併農協づくりの基本課題と県単一農協」（小池恒男編著『農協の存在意義と新しい展開方向』昭和堂、2008年）。その結論は「組織力効果」（組合員が農協事業を計画的に利用したり、組合員の無償労働などによりもたらされる効果）が「規模の拡大とともに、減少していく」からだとするものであり、直感的には頷けるが、計測可能な数量として把握のしようがなく、あくまで想定にとどまる。

（20）拙稿「協同組合としての農協」拙編著『協同組合としての農協』筑波書房、２００９年。

第2章　1県JA

第1節　JA香川県――一日経済圏合併

はじめに

第2章では、1県1JA化の3事例を取り上げる（補論として1JA）。

JA香川県は、その1年前の奈良県に続き、第2番目の1県1農協化であり、そこには香川県の地域特性もあるが、組織組成の仕方、ガバナンスや事業の構築という点ではその後の基本パターンをつくった。

1県1農協化の追求は少なくないが、完遂事例は限定される。なぜ香川県では実現したのかの客観的条件の把握が欠かせない(1)。

1　合併への長い道のり

宮脇構想から40年

県にはかつて183の農協があり、本書で言う合併の第一次ピーク期（1960〜75年）には、同県でも経営難を背景に合併が進んだ。一時は20農協構想もあったが、合併は1969年の47農協化でストップした。昭和50年代には行政規模への合併や郡単位農協も検討されたが、合併を経験した27農協は合併に賛成するものの、未合併の農協は「がんばってやってきた」という自負もあり消極的だった。

その一つの背景として日本の農協運動をリードした故宮脇朝男氏が、県中央会会長として1973年に打ち出した「県単一農協基本構想」がある。それは運動体としての農政活動や意見は集落単位にまとめつつ、経営体としての経済合理性は県域規模で最大限に追求しようとするものだった。この構想はオイルショックでとん挫したものの、農協指導者層に「合併するなら県単一に」という高い目標をいだかせ、それ以下のエリアでの合併にブレーキをかけることになった。

第二次合併ピーク期（1985〜05年）に、同県においても91年に県単一農協をめざして中央会内に専門部署をたちあげて検討に入った。その折も折、同年に高松市内の1農協で200億円を超す不正融資が発覚し、それに足を取られた。

しかし1993年2月の県農協45周年大会で県単一農協構想が提起され、県農協運動強化審議会で「県単一農協五か年計画」を策定、1997年には先の不祥事農協も全国支援を受けつつ近隣農協に事業譲渡することに決まり、また経営不振に陥った島しょ部の1農協も合併されて45農協となった。1997年には中央会・連合会で「単一農協合併推進協議会」を発足させ、1998年の県農協50周年大会で、2000年に県単一農協実現する旨が決議された。

その背景には、7年もの時間をかけて検討してきたことが強く意識されたこと、全国連の組織・事業二段制の提案が切迫感を増したこと（県連の全国連吸収）が挙げられている。こうして1999年には2農協（後述）を除き合併予備契約調印がなされ、2000年4月に香川県農協の設立となった。合併時、赤字の農協はなかった。

なぜ県単一農協なのか

前述のように宮脇構想時代から県単一農協化による自己完結力と効率性の追求が掲げられていた。その土台には、県土面積が全国最小で、県境から県都・高松までクルマで1時間の全県一日経済圏になっており、地形的気候的な均質性あるいは経済合理性を貴ぶ県民意識の共通性といった香川県の特質があげられる。

しかし、なぜ1993年なのか、なぜ2000年なのかの説明には十分でない。その背景としては、第一に、1991年の第19回全国農協大会で、広域合併（21世紀までに1000農協化）による自己責任体制の確立、事業・組織2段制への移行が提起された。県単一農協は、先の香川県の特徴を踏まえた、広域合併の香川県版とも言えよう。

第二に、1990年代はバブル崩壊に伴う住専問題の表面化、それに巻き込まれた農協系統金融の危機、グローバル化にともなう金融自由化と金利低下、それらを踏まえた2001年のJAバンクの法制化に向けての動きがあった（第1章第1節）。後述するように信用事業依存度の高い県農協陣営がそれらの動きに敏感だったことは想像に難くない。

残る二農協も合併に

当初の合併に加わらなかった農協の一つは**高松市農協**で、貯金額260億円、賃貸住宅建設等への融資等で貯貸率45％という「信用組合に近い」存在だった。それが固定資産の簿価評価での合併に反発し、資産再評価を求めていた。しかしバブル崩壊による不良債権の発生、自己資本比率の低下、信連の単協への還元（奨励）金の貯金額に応じた傾斜配分措置等をうけて、２００３年には合併した。

残るのは県西地域を拠点とする**香川豊南農協**で、こちらは組合員との結びつきの強い「最も農協らしい農協」といわれ、土日曜当番対応をするなどレタス、タマネギの野菜等の営農指導に力を入れており、決算前奨励（期中配分）や事業利用分量配当も行っており、それが合併により維持できなくなる懸念があった。２０１３年の合併時には貯金６２０億円、内部留保80億円、自己資本比率45％と信用面でも安定していた。

しかし組合員の高齢化や後継者難、職員採用の困難、内部留保でいつまで食いつなげられるかといった不安があった。加えて主力のレタス価格で、県農協の方がロットの大きさ、品質のレベルアップ、事前値決め制等で高価格になるといった事情も重なり、また組合長が行政経験者に交替したこともあり、２０１３年に合併に踏み切った。

こうして93年の提起から20年、宮脇構想の73年からすれば40年を経てようやく県単一農協は完成した。

合併の音頭取り——県中央会

非合併の2農協に対して機会をとらえて合併を呼びかけたのは県中央会だった。１９９７年に県単一ＪＡ調査研究協議会が立ち上げられたが、その事務局を担ったのも中央会で、要員6名を配置している。その後98年からの県単一ＪＡ合併推進協議会、99年からの設立委員会の事務局（「設立準備室」）を担ったのも中央会で26名を配置した。中央会常務が合併推進の前面にたった。

このような経過からして合併のイニシアティブを握ったのは中央会と目されるが、47と多数の農協があったことがその背景と言える。いいかえれば県内に突出した規模の大きい農協が存在せず、言い方は悪いが「どんぐりの背比べ」だったことが県単一農協化を可能にした今一つの理由ともいえる。

２　単協と県連の調整

県単一農協化の大きな目的の一つは単協と県連の資源・機能の統合だった。しかしながら非合併農協が残ったので、中央会、連合会（信連）は存置することとなった（厚生連は法律上、存置）。その代わり、ＪＡ香川県組合長が中央会・連合会の会長を兼ねることとした。

経済連・青果連・施設連については、未合併の農協には脱退してもらい会員を１にして県農協に包括承継し、未合併農協は県農協の機能を利用することとした。

存置する県域組織については法制度上必要な機能・要員のみを残し、他は全て県農協に移した（本店配置）。残る要員は中央会7名、県信連59名だった。中央会はその後に監査機構の発足に伴い拡充して現在は18名体制である。結果的に中央会、県信連は統合前の半数になった。

中央会の主な機能は、経営指導（内部監査機能、不祥事防止）と代表・調整機能等である。

県信連は余裕金運用、ＪＡバンク基本方針による信用事業秩序維持の機能を担っている。

県信連と単協では余裕金の運用基準が異なり、単協が信連を包括承継してしまうと外貨建ての運用ができなくなるなどして、20億円程度の減収になる。香川県信連は有価証券の運用にたけており、単協への還元利率（奨励金）は１％に近く全国トップクラスである。またリスク管理は「単協の30年先をいく」とも関係者はみている。

図2-1　JA香川県の組織の変化

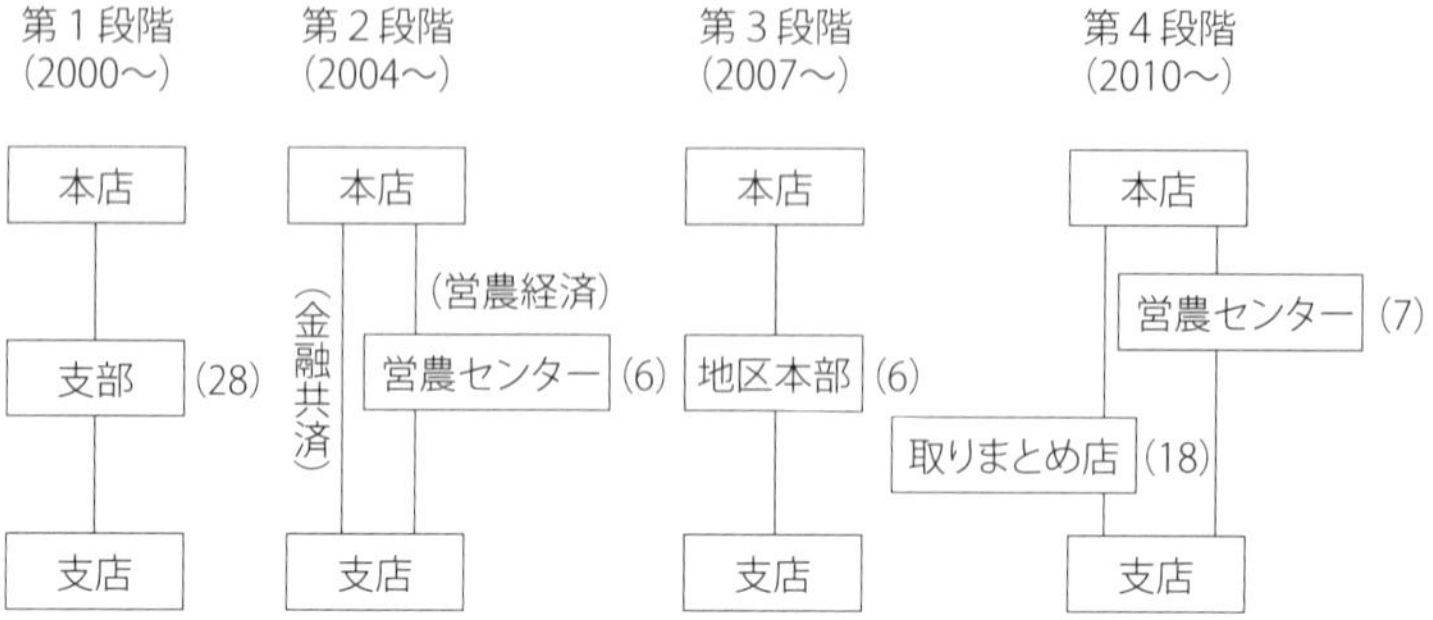

後述するように県農協は合併後に二度にわたり不祥事に伴う県の業務改善命令を受けており（２０１７年3月解除）、不祥事防止には組織外部（県信連や中央会）の眼も欠かせない。

以上のような理由から県信連を存置したことが香川県の大きな特徴である（今後については節末で）。

県農協は信連からの還元利率が高いので、自ら貸付けるインセンティブに欠け、全国トップの貯金量を誇りながら、貯貸率は10％と低い。

3　試行錯誤を重ねた組織整備

一つになった県農協の内部組織をどう組み立てるか。この「内なる合併」が県農協が最も腐心した点であり、四段階に分かれる。ポイントは本店と支店の間にいかなる中間機構を置くかである。その骨格の変遷を図２－１にまとめた。

第一段階・支部（旧農協）体制

組合員数２０００人を基準に旧43農協を組合長間協議で28支部（高松市農協の合併後は29支部）に再編した（18支部は旧農協単位、10支部は複数の旧農協で設立）。要するに、利用者の混乱を避けることを理由に基本的に旧JAの本所が支部になったわけである。

そして合併初年度に限り、35名の支部常務が置かれ（支部長常務と支部常務の二人が置かれる支部もある）、支部常務は一定の貸付権限（一億円以下）を引き継いだ。地域特性を発揮するという大義名分だが、旧農協にそれなりに配慮した措置だと言える。

支部常務も含めて理事52名の体制だったが、2001年度からは経営管理委員会制度を導入し（後述）、支部常務は廃止し、支部長は職員を充てることにした（理事は10名へ）。

支部は独立採算制とし、全剰余から出資配当（当初3％、後に1・5％）と内部留保目標60％を差し引いた残額を「支部組合費」として還元することとした。具体的には決算前奨励措置として還元することとし、支部では貯金・共済奨励、購買・販売割り戻し、種子助成、営農振興大会、部会助成等に使われた（2000年度8億円、01年度3・7億円、02年度4・2億円、03年度5・8億円……）。事実上の事業利用分量配当（合併前の3分の1ほどの農協が行っていた）と支部活動に充てられたわけである（個人配分にウエイト）。これは2007年度まで続けられた。

実態的には、県単一農協化する前段階としての、45（46）農協の28（29）農協への合併と言うこともできよう。

第二段階・本店――支店体制（2004～）

しかしこれでは旧農協意識が残ってしまう。そこで2004年に支部制をやめ、信用・共済事業は本店・支店直結方式、営農経済事業は営農センター・支店方式に改めた。

第三段階・地区本部体制（2007年〜）

だが、こうなればなったで、支店が金融共済課1課体制で金融特化店舗化し、職員の「垣根意識」が強まり、支店の営農経済事業対応（主に取り次ぎ対応）が不十分になってしまった。

そこで2007年に地区本部制を敷き「地区本部の権限と責任を高め、地域特性に適合した機動性の高い事業運営を行う」こととした。地区本部は郡単位に6つ置かれ、営農センターも包摂した組織とし、地区本部長には理事があたり、本店からの指示・連絡は地区本部に対して行い、地区本部（長）は事業計画・予算作成権限、一定の人事権限、費用支払・固定資産取得権限をもつこととした。事業の推進管理には取りまとめ店（13店）を置き、営農経済事業機能や融資機能、支店取りまとめ機能をもつこととした。

地区本部への分権化に伴い、本店機能はスリム化し、24部45課から10部26課体制に移行、職員も333名から296名に減らした。

第四段階・本店――取りまとめ店体制（2010年〜）

しかしこれはまたこれで郡単位農協への合併に近くなり、「営農指導事業の均質化や農産物のロット拡大による販売力強化など営農販売面において一定の成果が認められたが、信用・共済事業については指揮命令系統の段階が多く迅速・的確な対応について課題がでてきた」と関係者は指摘している。本店の指示は地区本部どまりで、支店のガバナンスが利かなくなったのである。そのことが不祥事を生む一因ともなったといえる。

そこで２０１０年に地区本部制を廃止し、本店と支店の情報伝達経路の短縮を図る目的で、〈本店―とりまとめ店（統括店）―支店〉体制に移行した。７営農センターは本店直轄である。統括（とりまとめ）店は、ほぼ行政単位に18店おかれ、本店次長クラスが店長を務め、貸付権限（ただし本店審査をうける）３０００万円まで認められる。

現在は、人口減等に伴う統括店間の格差の発生、統括店と営農センターが1対1の関係でないこと等から、統括店エリアの見直しや支店統合を検討しているという。

組織整備を振り返る

以上の経緯は一見、集権（第二、第四段階）と分権（第一、第三段階）を繰り返しているように見える。しかし第二段階をスキップして見ると、〈47ＪＡ→28支部（旧ＪＡ＝支部と2ＪＡで1支部）→6地区本部（郡ＪＡ化）→1ＪＡ化（本店―統括支店―支店）〉という県単一農協化の道を歩んでいると言える。発足当初は、利用者の混乱を避けるためという表向きの理由と、旧ＪＡの隠然たる存在という実態の反映だが、実践を通してそれが徐々に払拭されていった過程ともいえる。

なお、以上の組織のあり方については、常設諮問機関としての総合企画会議の審議を経ており、そのことが時機に応じた適切な組織構築に大きく寄与したといえる。委員は、農協役員5名（委員会委員長と経営管理委員）、学識者6名（弁護士、公認会計士、経営コンサルタント、農林中金支店長等）、その他必要と認める5名（組合員代表、青壮年部長、フレッシュミズ部会長）である。またその都度、地域農業開発センターのコンサルテーションを受け参考にしている。

支店の統廃合

合併により177支店、223店舗をかかえるに至り、支店・出張所の再構築が二次にわたり追求された。

第1回は、2007年に経営管理委員会で計画決定され、09年にかけて実施された。常時人員3名以上、貯金量40億円以上、黒字見込み等のいずれかの条件をクリアできない店舗が93店舗あり、うち収支改善の可能性のある店舗を除き56店舗を統合や出張所化の対象とし、09年までに180店舗（148支店）に整理した。それにより窓口職員は平均6・8名、貯金額は82億円になった。

しかしなお職員5名以下が36店舗あり、総合事業対応とコンプライアンス強化（前述の不祥事は小規模店舗で起こりやすい）が必要ということで、1店舗12名（管理者3名）、貯金100億円、長期共済保有高400億円以上をめざし、2012年までに128店舗（94支店）、JA豊南の合併で133店舗（99支店）体制とし、現在に至っている（小豆島をはじめ島しょ部には9支店、9出張所が置かれている）。これにより支店平均で窓口職員12名弱、貯金123億円になった（店舗当たり貯金額で地元の百十四銀行283億円、香川銀行144億円、JA横浜255億円、JA兵庫六甲144億円を参照している）。

店舗統合については特に初回は組合員からの強い反対があったが、とことん説明して説得した。代替措置として年金宅配、ATMの設置、渉外の増員、移動店舗等がとられた。貯金額は2008年末が対前年比0・3％減、2010年0・4％減、11年0・7％減となったが、それぞれ1～2年で回復している。影響がなかったわけではないが早期回復が可能だったということになる。

職員の配置

県連組織と単協の合併に伴い、当初は組合員の混乱を避けるためとして、旧県連出身者を本店に、旧ＪＡ出身者を支部・支店に配置した。要するに統合県連がそのまま県農協（単協）スライドしたわけである。そのために本店は旧県連意識、支部・支店は旧ＪＡ意識から脱却できず、垣根意識も強く残ることになったとしている。

給与も連合会の賃金表を採用して、それぞれを直近上位に張り付けてスタートしたので、支部・本店間、支部間の異動も難しかった。そこで２００３年度にモデル賃金表を作成し、それより低位の旧ＪＡについては格差の３割を是正、より高位の旧ＪＡ、県連の管理職については一定の減額を行い、不満を残した。２００５年度に能力主義人事制度を導入して再格付けを行い、各等級の初号を下回る職員は倍額昇給、終号を上回る者は2分の1昇給にとどめる等の調整を行った。

仕事としては、ＪＡに転籍した旧県連職員は貯金・共済等の「業務推進（全職員推進）」を行うことになったが、それ以外については、単協の労働条件に旧県連の労働条件を合わせたため、大きな差はなかったとしている。

正職員数は２０００〜０３年にかけて９００名程度、４分の1ほど減っている。２００２年には希望退職２１４名を募った。定年退職者の増加と合併後採用者の増加により、「２００８年度以降、職員の垣根意識は無くなった」としている。

4　ガバナンスと組合員組織

経営管理委員会制度の採用

合併一年目は支部に常務を35名配置したこともあり、理事52名という大所帯になった。直ちに役員体制に関する審議会が設けられ、２００1年度からは経営管理委員（定数30名）、理事10名の体制に移行した（役員支部長は廃止して職員へ）。経営管理委員は県内６地区からの選出枠25名、全県枠５名であり、１期目は経営管理委員の支部担当制もとられた。

経営管理委員会については、当初は「何が何だか分からなかった」のが実情だが、結局は理事会を専門的知識をもった経営実務者で構成し、その執行スピードを高めつつ、理事会を地域組合員サイドからコントロールしようとするものといえ、そこには次の二つの事情が作用していた。第一は、合併当初は本店幹部が中央会・連合会出身者で固められたことである。第二は、２００1年農協法改正で経営管理委員会制度が導入され、その活用が国から強く勧められたことである。

委員はその選出方法からして地域代表カラーが強いが、理事会のコントロールと言う本来の趣旨からすれば全県的な視点が欠かせない。このようなガバナンスのあり方をめぐって前述の「総合企画会議」から２０１０年に答申が出された。そこでは07年、09年に相次いで県から不祥事に関連した業務改善命令がだされたことを強く意識し、経営管理委員は全県をにらんだ実質審議、迅速な意思決定のために12～16名に減らし、地区選出枠と全県選出枠を半々にし、前者については選出地域を６区から２区にまとめ、後者については女性・青年、利用者の代表、実務精通者を含むこととした。これに基づき２０１０

年から経営管理委員は16名とし、弁護士・公認会計士を経営管理委員に含め、今日に至っている。

答申は、「経営管理委員会、理事会ともに危機意識が希薄」と断じ、業務改善命令の実施期間中にさらなる改善命令を受けるに至ったのは「機能分担という制度上の課題があるものの、……人の課題」と厳しく指摘し、以上の提案を行っている。

その際に経営管理委員会制度の継続か理事会への復帰かも検討し、委員会制度導入JA（44）へのアンケート調査を整理して、メリットとして意思決定の機動性、業務執行の円滑さ、機敏さ（経営管理委員会というより理事会としてのメリット）、ディメリットとして、JAに対する否定的な意見が出されることが（理事会時と比べて）多い、報告・議案事項以外の質問が多い、監事に対する議案説明と化している、理事の業務執行への介入が多い、手間とコストが増えているにもかかわらず実績が乏しい、「理事は自分たちの思い通りにならねばならないような発言が多い」として、業務執行にかかる事項を理事会機能として明確化することを求めている。

まさにその点が地域組合員代表としては是認しがたいところだろうが、答申は地域利害からの脱却を求めたと言える。

２０１０年は前述のように地区本部制から〈本店―取りまとめ店―支店〉体制に移行した年でもある。２０１０年は合併から10年を経て、ようやく県ＪＡとしての組織体制が固まった年といえる。

支店運営委員会

組合員と農協との関係をみておく。

２０１６年度の総代会資料によると、２０１６～18年度にかけて60歳未満の新規組合員加入者４０００名を目標にして加入運動を展開し、17年度末までに６５６５名（うち正組８７７名、准組５６８８名）の加入を達成している。また正組合員のうち女性が22・３％を占めるに至っている。女性部の加入促進も図り、子育て世代のフレッシュミズも10組織、１９１名に至っている。

総代数は合併時より１０００名である。准組合員枠はないが、２０１６年度には統括店単位に准組合員（３２８名）と役職員の意見交換会を行なっている。

支店運営委員会の構成は集落委員（集落の組合員代表者）、生産者組織、女性部、青壮年部からの推薦、支店長が推薦する者等である。単純平均すれば１支店55人になる。活動内容は、支店の事業運営や協同活動に関すること、組合員や利用者の意見・要望の取りまとめ、総代選挙の運営等で、年２～４回開催される。

地域運営委員会は統括店ごとに設置され、構成は支店運営委員会の正副委員長等である。これも単純平均では１委員会34名になる。活動としては支店運営委員会の意見取りまとめ、総代選挙の運営、支店委員会にはない事項として役員選任規定による正組合員代表に関すること、役員候補者の推薦がある。これは地域から選出される経営管理委員を指すと思われる。

気になるのは、宮脇時代から運動体の基礎とされてきた集落――通常は「農家組合」「生産組合」等と呼ばれる――は支店運営委員会に代表を出すとされているが、組織そのものの実態がみえない点である。県農協としてはそこまで手が回らず支店（運営委員会）等に任されているということかもしれないが、アキレス腱になりうる。

5　営農指導体制

営農指導体制

組織体制の変更に対応して営農指導部門も変遷してきた。

第一段階の支部体制時代には同部門も支部に属していた。

2004年に支部制を廃してからはほぼ郡単位に6つの地区営農センターがおかれ、信用共済事業は〈本店―支店〉方式、営農関係は〈営農センター―支店〉方式がとられた（農業諸施設もセンターに属する）。

しかしこの方式では本店や営農センターからの指揮命令が複線化し、支店が混乱するという理由で2007年に地区本部制に移行し、営農経済関係（集荷・分荷・清算事務を含む）も施設管理ともども地区本部の下に置かれた。

しかし2010年に地区本部を廃して現在の〈本店―統括店―支店〉体制に移行することに伴い、地区営農センターが本店機構として復活され（JA香川豊南の合併後は7センター）、営農担当の常務理事が統括する営農部に属することになった。センターは地区農業振興計画の策定、営農指導、水田農業ビジョンの実践、生産調整、行政対応、部会事務局、農業施設の管理運営等を担い、「各地区の農業振興の司令塔」とされている。

営農指導員は248名、うち本店に52名、営農センターに118名、統括支店78名である。その総数は合併当時から変わっていない。2016年に本店営農部に「担い手サポートセンター」（営農経済と融資担当のチーム）を設置し、本店10名（専任）、統括店融資課19名（兼任）、営農センター22名（兼任）の体制（全て営農指導員の外数）で、販売額500万円以上の生産者1000戸弱を中心に個別巡回している。

また野菜生産者等にお願いして、県域に10名、地区に17名の「園芸インストラクター」を置いている。

分荷権は、販売主力の野菜については地域特産品等を除き9割を本店が握り、また量販店等への事前値決めによる契約取引が8割を占めている（債権管理のため市場経由）。全県的なロット確保に基づく事前値決めが強みである。果樹もほぼ同様だが、シャインマスカット（ぶどう）、キウイ、尾原紅（早生みかん）等の県域ブランドを除き、小ロットなので県内販売に向けている。

なお、統括店にも金融共済・融資課のほか営農経済課等がおかれ、自治体エリアと重なることから行政対応や、生産者とセンターとの取次機能、産直店舗の運営管理等にあたっている。資材関係は34のふれあいセンターが扱う。

支部・地区本部体制の一時期を除き、郡単位の営農センターという体制は動かず、JAとしては「この体制でよかった」としている。要するに信用共済事業＝統合、営農指導機能＝分権というのが1県1JA体制の基本である。

作目別部会

前述のような作目別部会は組合員組織にはカウントされていないが、集荷場単位の部会組織がある。現在は48集荷場が存在し（うち柑橘を名乗るのが2、園芸が1）、ほぼ旧農協数に当たる。2008年の園芸作物のそれは１１７部会で、そのうち営農センター単位に統合されたのが３割弱だった。徐々に統合は進んでいるものの（２０１７年の統合部会は41）、その物的基盤が集荷場だとすれば、施設の老朽化等に伴う更新に合わせて、あるいは新規作物への取り組みに合わせて７つの営農センター単位への統合が当面の課題だろう(2)。

自己改革・農業振興プラン

２０１７年度の農協の販売額は約４００億円で、ここ数年ほぼ横ばいである。内訳は野菜46％、畜産30％、米麦15％、果実７％で、２０１３年と比べて野菜の販売額が１割ほど伸びている。

野菜では金時にんじん、金時いも、たまねぎ、にんにく等の特産品をもつが、近年ではブロッコリー、レタス、青ネギ、たまねぎに力を入れている。また「オリーブ牛」や県オリジナル水稲品種「おいでまい」の生産に注力し、米の買取販売２０００ｔをめざしている。

農協は２０１６年度からの中期経営計画、営農振興３か年計画をもって自己改革プランとし、１００0万円超生産者７００名、先の野菜４品目の作付け面積２１４０haを掲げている（２０１７年度末５７1名と２０８６ha）。そのため高齢者や女性も含めブロッコリーの作付けを拡大する農家が、定植作業等の「フィールド支援」を利用した場合の料金に対する10ａ２０００円の補助、アスパラ・レタス・もも・キウイ・菊・ひまわり等の荷造り調整を委託した農家に対するkg当たりの料金補助を行っている。

農協としては毎年18億円の営農指導事業経費の予算化をめざしており、２０１７年度の20億円弱の営農指導事業赤字を正組合員一人当たりで割ると３万円になり、全国平均の２・５万円を上回る。

直売所は22店舗、47億円（JA販売品の1割強に相当）、出荷者6600人に及ぶ。売上額2億円超の直売所は12店あるが、2億円未満の店については統合を検討し、またこれまで出荷者の協議会方式で運営してきたが、出荷者を制限する傾向があるので、農協直営への転換を図ることとしている。

2014年に丸亀市に10億円を目標にした大型ファーマーズマーケットを開店し8億円に達しており、今後は高松市内にも新店舗を建設予定である。

6　成果と課題

剰余金処分

出資配当率は合併当初の2年は3％、2002〜15年度は1・5％、16年度1・25％、17年度1・0％である。最近の引下げは、剰余金が減少しているわけではなく、信用事業基盤強化積立金の増加や合併40周年記念事業のための4億円積立等によるものと思われる。

事業利用分量配当（以下「利用高配当」）は合併前には3分の1ほどの農協が行っていたという。合併当初は利用高配当ができず、さらに支部制・地区本部制の時代は「独立採算制」をとり、計算上の「剰余」に応じて、支部活動費等が「還元」されてきた（3の「第1段階」の項を参照）。その後、地域間の格差の平準化に伴い2007年から利用高配当制がとられることになり、「還元」は2008年度に廃止された。利用高配当の基準は定期貯金、長期共済契約、販売額、産直売り上げである。産直売り上げが注目される。

2017年度の剰余金は38億円弱、内訳は利益準備16％、信用事業積立金25％、先の40周年記念出資配当金11％、出資配当7％、利用高配当17％（この割合が高い）、次期繰越26％である。剰余金処分については配当原資として7～9億円、内部留保率70％の確保の方針であり、今後はさらに出資配当から利用高配当へシフトするつもりである。なお現在はポイント制は産直だけに導入している。

２０１７年度の経常利益33億円を１００とした部門別損益は、信用事業１８０％、共済事業44％、農業関連▲46％、生活事業▲18％、営農指導▲59％で、信用事業依存度が非常に高い。

ＪＡ香川県の合併の特徴

何と言ってもＪＡならけんに次いで、１県１ＪＡ化の先頭を切ったのが特徴である。香川県の１県１農協化は１９７０年代はじめからの県農協人の悲願であり、90年代初めの組織的な再提起からでも7年間かけて実現した。時間をかけてはぐくんだ構想であり、一日経済圏という立地性、県内に地域差が少ないという風土性を踏まえたものといえる。

また必ずしも、スタート時からパーフェクト県1ＪＡを実現したわけではなく、スタート後に機の熟すのを待って実現した点も注目される。県ＪＡをめざしながらも実現できていない事例は多く、その比較は参考になろう（地域性の違いが大きいと思われる）。

先駆者としての苦しみも大きかった。第一は、事業組織をどう地域的に構築するかで、大きくは旧ＪＡ単位（常務理事）→旧郡単位（理事）→統括支店（職員）とめまぐるしく変遷してきた。そこには試行錯誤があったが、だからといって後なる者が簡単にスキップできるものでもなかろう。第二は、経営管理委員会の体制をどう構築するかで、この点に変化はあったが、香川県の場合は、経営管理委員会を

表 2-1　JA 香川県の推移　　単位：人、%、億円

	2000	2005	2010	2017	2017/2000
組合員数	139,479	134,654	133,076	139,091	99.7
うち正組	86,849	79,428	70,901	63,452	73.1
うち准組	52,630	56,880	62,175	75,639	143.7
准組比率	37.7	42.2	46.7	54.4	
貯金	13,113	14,302	15,204	17,634	134.5
貸出金	1,551	1,606	1,911	1,777	114.6
長期共済保有	65,754	59,481	46,430	34,806	52.9
購買額	627	306	222	203	32.4
販売額	476	422	403	395	83.0
事業総利益	364	304	271	263	72.3
当期剰余金	36.4	16.9	17.9	24.8	68.1
貯金額/組合員数（万円）	940	1,062	1,142	1,268	134.9
販売額/正組数（万円）	55	53	57	62	112.7
労働生産性（万円）	901	907	821	791	87.8
自己資本比率	18.0	20.0	20.0	18.0	
職員数	4,296	3,320	3,195	3,324	77.4
うち正組	3,489	2,526	2,240	2,164	62.0
うち臨職	807	794	955	1,160	143.7

注：1）JA 香川県資料による。
　　2）2003 年より SS・自動車・ガスの事業移管。
　　3）労働生産性＝事業総利益/職員数。

本来の経営監視機能に純化する方向に位置づける点に特徴がある。第三に、不祥事から長らく県の業務改善命令下にあった。不祥事が機構やガバナンスの整備と関係するのかは調査できなかったが、少なくともその改革は不祥事を強く意識したものと想われる。以上のうち、第一、第二の点はその後の広域合併事例が経験する論点である。

合併の特徴としては、さらに1県1JA化したにもかかわらず、信連を未だ包括承継していない点があげられるが、この点は後述する。

合併の成果

合併時からの県農協の事業等の推移をみたのが表2－1である。2000年度末の数字を100として2017年度末を比較すると（この間に2農協の合併があるがそれは無視して）、組合員数は、総数は合併時と変わらない。正組

合員が73％に減り、准組合員が44％も増えた結果であり、准組合員比率は38％から54％に増えたが、全国平均並みである。総数維持の背景には、最近でも60歳未満の組合加入者4000名を目標に加入促進運動を展開し、「JAの組合員になろう!!　JAってなあに?」のパンフレットを配布、3000名強の成果を得ている（准組合員が87％）点が挙げられる。

金融面では、長期共済保有高は53％と落ち込みが大きいが、貯金額、貸付額は伸びている（JA高松市合併後の2005年と比較すると123％、110％に落ちる）。しかし貯貸率は10％程度に低迷している。前述のように信連からの還元利率が1％近くで極めて高く、単協としての運用意欲に乏しいためである。

経済事業はどうか（JA香川豊南が2013年に合併したが、その系統利用は合併前からJA香川県を通じているため影響はより小さくなる）。購買事業は3分の1に縮小した。合併直後に生活事業改革を行い、価格競争力のない商品の扱いは止め、香川県はとくに量販店が多いこともありAコープも豊南地区のそれを残すのみとし、その他の店舗は直売所等への転換を図り、現在は葬祭、子会社による燃料、車両を主としている。

販売額も合併4年目がピークだが、相対的には野菜等で持ちこたえて、全国平均並みの減少にとどまっており、西日本としては健闘している。

収益面では、事業総利益、剰余金ともに7割水準である。剰余金は2010～12年に相当落ち込んだが、その後回復している。

正職員は62％、臨時は144％で、臨職の割合は19％から35％へとかなり高まっている。先の生活事業の縮小等もあり、早期退職、希望退職、採用調整を行い、２００７年度末にはトータルで74％まで減るが、その後、支店の管理者3名体制等の取組みを通じて若干回復している。

合併効果（規模の経済）の指標についてみると、組合員一人当たり貯金額は９４０万円から１２６８万円に35％伸びている。准組合員の増加で組合員数が維持され、貯金額が増えている。正組合員一人当たり販売額も55万円から最近は伸びて62万円になっている。その意味では合併効果はあったといえるが、どこまでが固有の合併効果かは分からない。

労働生産性は、正職員、総職員のいずれを分母にとるかにもよるが、低迷していると言わざるを得ない。臨時職員が急増していることが、そのことに関連するかもしれない。

ＪＡ香川県の自己評価としては「将来に向かっての可能性と言う点では合併してよかった」としている。そして「それぞれの県域で十分審議して1県1ＪＡ化を選択したのであれば、迷わず実践することだ」とし、そういう努力には「可能な限り協力や支援をしたい」と述べている。合併20周年記念としての総括が、なによりのプレゼントになるだろう。

残る課題

1県1ＪＡ化から20年となる香川県になお残る制度課題は、信連の単協への包括承継問題である。信連を包括継承しなければならないが、そのことは、単協の余裕金運用上の制度問題（外貨建て運用の可否等）をクリアできない限り県域トータルとして大幅な減収になる。また政府が強制する信連の代理店になることも3分の2程度への収益減となり、選択肢たりえない。

２０１６年策定の「第４次香川中央会改革行動計画」（２０１６～18年度）は、「ＪＡ香川県への包括継承時期の内定に向けた検討（人事交流、体制整備、機能分担を含む）」を行うとし、２０１９年度以降「包括継承の実現と継承後の信用事業収益確保等によるＪＡ香川県の健全経営の継続」としている。「組織整備方針」では「引き続き最適な移管・継承時期について検討を継続することとします」としている（「２０１９年度」ではなく、「２０１９年度以降」に力点がある）。

ＪＡ香川県は全国トップの貯金量を有し、高い運用能力をもつ信連をいわば「子会社」としてもって、これまた全国トップクラスの高い還元金を享受している。それゆえに、貯貸率が低迷し、地域金融機関化に後れをとっている。今後、農林中金の信連への還元利率が引き下げられるなかで、信連のＪＡ香川県への還元利率も引き下げられるとすれば、信用事業への収益依存度が極めて高いＪＡ香川県が被る影響は大きい。還元金依存機関から地域金融機関への漸進的脱皮という大きな課題に直面している。

補論　ＪＡならけん

はじめに

同農協は日本初の1県1ＪＡであり、ぜひお話をうかがいたかったが、20周年記念の取りまとめ中ということでかなわなかった。幸いなことに同農協の合併当時の貴重な報告が残されており(3)、また最近のディスクロージャー誌や総代会決定は入手可能なので、そこから管見しておく。

合併の経過と理由

県単一農協構想は1997年の県農協大会で決議され、それから「わずか1年4カ月余りで」県下42農協の合併が実現した（カッコ内は全て高田論文からの引用文）。その理由として高田氏は次の四点をあげている。第一は県面積が全国の40番目と小さく、しかも県北西部に組合員の4分の3が集中しており、「10地区センターは本店から車で短時間で行ける」。第二は、米を中心にした零細兼業農家が大半を占める。第三は農協経営も信用共済事業が中心で、「規模の経済性が発揮されやすい」。第四は「群を抜いた優秀な農協が存在しなかった」。第五は「県下の3農協でゼネコンなどへの融資で焦げ付かせた計180億円の不良債権処理が合併に拍車をかけた」。さらに「県組織共通会長の強いリーダーシップによる英断が県単一農協の早期実現を可能にした」。

以上のうち、第一や第四の理由は香川県と共通する面がある。

信連と経済連は1999年10月に包括承継される。県中は5課15人に縮小されるが、プロパー職員は監査課の2人のみで、他は新農協からの出向である。

合併当時は貯金残高9150億円だが、半年後には1兆円を突破した。

ガバナンス体制――経営委員会制度など

同農協は単協として初の経営管理委員会制度を採用した。「これだけの大農協では、組織代表理事を中心とした執行体制では、経営は不可能との判断から」の措置である。つまり理事に経営プロを登用し、組織（組合員）代表を処遇するための経営委員会と読める。

委員は17人で、旧農協の組合長・副組合長・専務の出身である。理事は13人で、理事長（元県連共通副会長）、専務3人（県連の元専務）、常務7人（県連の元参事・部長、旧農協の専務・参事等）、部長兼任理事2人（元中央会部長）である。以上は初年度限りの措置で、2年目からは3年任期の新体制に移行するとしている。現在（２０１６年度）は専務2人、常務8人で、併せて10人は不変である。

２０１６年の委員は11人（定款では11～15人）、理事は14名（同12～18人）で、委員の数が定款上も含めて減っている。

当初は4本部体制をとり、各本部のトップには専務・常務が張り付いていた。現在は11部2室体制で、地区統括部、総務、金融、共済、営農経済、販売の6つの括りで、それぞれを常務または理事がトップを務めることとしている。地区統括部が独立して置かれているのが特徴と言える。専務2人は総務部門と事業部門をそれぞれ担当する。

地区センター

当初は「県内を10ブロックに分け、それぞれに地区センターが設置されている」。センター長の下に総務・金融・共済・経済・営農の5部が組織され、支店も統括する。地区センター長は農協の元参事や部長が中心である（当初より職員を配置したことは、他事例に対する著しい特徴である）。「指揮命令は多くの場合、本店の各本部から地区センター長を経由して、各部や支店にいく」。「本店の各事業本部からの指揮命令が一職員である地区センター長に集中することから、その調整はこれまで以上に困難である」。「センター長の貸付決済権は限られ」「貸付決済までの時間がこれまでより長くなっている」。

「合併1年後に機構改革が行われ、事業部・統括支店制に移行し、それぞれを常務理事が担当した。地区（統括支店）担当常務に人事権を与えるなど、本店の権限・機能を大幅に統括支店に移譲した。さらに2003年には10統括支店を6統括支店に集約した」(4)。これによれば、地区センター→統括支店と読める。

ディスクロージャー誌によると、2010年に支店の本店直轄化および統括支店を地区統括部に機構変更としている(5)。

なお当初は168支店だったが、現在は99支店である。

営農指導体制の当初とその変遷については不明だが、ディスクロージャー誌には2006年に農産物統一デザインを開始とある。

当初の課題

高田氏は、課題として、①地域に密着した事業活動には「徐々に地区センターに権限と責任を与えていく」こと、②元県連職員は本店業務につき、元農協職員が本店に異動したのは全職員の4％にみたないとして、元県連職員と元農協職員の人事交流を積極的におこなうべき、③経済連を内部化することで系統外利用が限定されると、それに「安住し事業努力を怠る土壌が形成されなくもない」。

このうち①については前述のように実際は逆の方向をたどった。その方が1県1JA化の通則といえる。

現状

総代は１０００名だが、２０１６年度に定款変更して准組合員総代を置くことができるとし、２０１７年には１００名を選任している。２０１４年度から担い手サポート室、地域ふれあいサポーター（高齢者への訪問活動）、女性大学（初年度１０５名）を開いている。橿原市の直売所「まほろばキッチン」は17億円の売り上げとなり、２０１８年夏にはＪＲ奈良駅前にも直売所を建設する(6)。

営農面は営農指導員85人、うち生活指導員23人、現在の販売額は当初の88％水準でよく持ちこたえていると言える。内訳は果実30％（柿が主）、畜産物18％、野菜14％、米12％（買取販売が93％）、花卉と直売所が各９％といったところで、平野部で米や野菜・花卉、大和高原で茶や高原野菜、五条吉野で柿・梅など多彩な生産活動を行っている。

日本農業新聞が、同紙が取り上げた自己改革例を月ごとにまとめているが、ＪＡならけんは、米の全量買い取り（２０１６年11月）、茶の台湾輸出を睨んだ防除暦（２０１７年６月）、柿選果能力アップ、最新設備が稼働（同７月）とこれまで３回も顔を出している。

総代会資料の組合員組織には生産・流通部会２５３６名とあるが、作目別は不明である。

経常利益は２０１２年度35億円が16年度には28億円になっている。それを１００とする内訳は信用１０８・３、共済45・４、農業△28・９、生活△７・３、営農指導△17・５であり、信用依存度が高い。営農指導の赤字額を正組合員数で除した額は１万円で全国平均の２・５万円よりかなり低い。出資配当率は３％で（当期末剰余金の８％）、事業利用分量配当は行っていない。

最後に合併時と今日の比較しうる数字をあげておく（表２−２）。准組委員の割合の急上昇、貯金額

表 2-2　JA ならけんの推移　　単位：人、%、億円

	1999 年	2016 年	2016/1999
組合員数	86,392	100,072	115.8
うち正組合員	57,273	47,520	83.0
准組合員比率	33.7	52.5	163.2
職員数	2,711	2,167（正職 1,657 人）	79.9
出資金総額	79	92	116.5
貯金残額	9,150	1 兆 4,222	155.4
長期共済保有高	4 兆 1,363	2 兆 7,874	67.4
購買品供給高	241	138	57.3
販売費販売高	205	181	88.3

注：1999 年は高田論文の図による。2016 年は総代会資料からとり、職員数は嘱託・パート等も含めたが、1999 年のそれは不明である。

の大きな伸び、それに対して共済事業の落ち込み、前述の販売額の持ちこたえが注目される。

第2節　JAおきなわ――破綻救済合併

1　破綻からの再生

郡農協構想から県農協構想へ

沖縄県の1県1JA化は波瀾万丈、詳しくは同農協の『JAおきなわ10年のあゆみ』をご覧いただくとして、かいつまんで紹介する(7)。

県には本土復帰の1972年当時74の農協があり、昭和期末までに44JA、1994年までに28JAになった。当時は1996年までに8JAに合併する構想だった。それに対して1998年の県大会で5JA構想（郡農協化）が打ち出された。

引き金になったのは、バブル崩壊を受けた97年からの相次ぐ銀行破綻（北海道拓殖銀行、日本長期信用銀行など）と、それを受けた国による98年の早期是正措置（自己資本が国際基準行で8%、国内基準行で4%を下回った場合、改善計画の策定・実施命令、自己資本充実、業務の縮小・停止等）である。

沖縄県では県農業信用基金協会が保証した単協の融資のうち180億円が回収不能化し、JAからはその代弁請求がだされ、協会は保証困難になった。放置すれば多くのJAが前述の早期是正措置の対象になる。そこで中央会主導で各県連の協力の下に「基金協会一括処理スキーム」を策定・実施するとともに、前述の5JA構想が打ち出された。

『沖縄県JA広域合併基本構想――新5JA合併構想』（1999年）は、背景として先の早期是正措置と農業生産の停滞等を指摘し、合併目的として「定時・定量・定質」を基本とした「沖縄ブランド」の確立と「金融システムの安定化」等を掲げた。建前としては産地農協型合併を前面に掲げたものと言える。

しかし、5JA化に取り組むなかで、9JAで合計350億円もの不良債権を抱えていることが明るみに出た。9JAのうち4JAは92～94年の大型合併農協、5JAは離島だった。そのことは、第一に、たんなる広域合併では課題解決にならないこと、第二に、5JA構想では「離島JAについては当面、共同運営機構方式で位置付け、最終的な段階で県下5JAに統合する方針」だったが、これでは間に合わない（中央会『JA沖縄グループの組織整備の基本方針』2000年末）。かつ第一の点と合わせると離島にはもはや1県1JA以外に合併相手がいない。

かくして「県域において1つのJAも破綻させないことを大前提とした場合、県単一JAを受け皿とする救済合併で全国支援を受けるほかに選択肢はない」（JAおきなわの筆者への回答書）ということになった。5JA構想のままでは「逃げるJA」がでかねないということでもある。

こうして2001年に2月に、合併推進本部（本部長は中央会会長、事務局長は中央会常務、スタッフは県連と単協から半々で計60名）、推進協議会（会長は県知事）が立ち上げられ（この布陣が後述するように決定的）、３月には県大会で県単一ＪＡ合併構想が決議された。

過酷な全国支援の条件

「全国支援」とは農水産業貯金保険機構とＪＡバンクの全国相互援助制度による支援のことで、それを受けるには次の３原則を満たす必要がある（カッコ内は沖縄県の場合）。

①出資者責任（支援対象ＪＡの組合員は資格保持のための一口１０００円を残し減資、計61・7億円、対象は全組合員のほぼ半分）、②経営責任（ほぼ過去10年の組合長等７６９名に報酬の１割返還請求、とくに不適切融資等へ係わった39名には民事責任追及、総額で１・６億円。１０００万円を超えた者もいたという）、③支援対象ＪＡは経営継続しない。

このうち③は解散か合併かである。離島のある１ＪＡは組合長が白紙手形を出すという不祥事により解散し（全国支援４・６億円）、残り８ＪＡは自主再建を断念して合併し、全国支援（救済合併）を受け入れることになった。その額は次のように算出される。

Ａ　要処理額３４９億円…処理を要する不良債権額

Ｂ　必要支援額２８１億円…Ａから上記①②等を差し引いた額

Ｃ　全国支援額２４８億円…Ｂから県域対応（中央会の合併支援基金等）33億円を差し引いた額（貯金保険機構２２２・６億円、ＪＡバンク支援金２５・６億円）。

通常の支援額はＢの２分の１までだが、Ｃ／Ｂが２分の１超の場合にも「信用事業再構築計画」が認められれば受けられ、その適用を受けたわけである。同計画には以下の非常に厳しい条件が盛られ、これが合併計画の枠組みとなった。すなわちⓐコンプライアンス態勢の確立による不正事件の未然防止、ⓑ2004年度までに自己資本比率8％の達成、ⓒ不採算部門からの撤退、赤字店舗の廃止、要員削減、ⓓ不良債権の早期回収、ⓔ連合会との統合は以上の解決が前提、などである。

ⓒについてはより具体的に、信用店舗は38減（154→116）、購買店舗は54減（107→53）、集荷場30減（70→40）、SS10減となった。不採算の旅行事業からの撤退も含め、以上による要員削減は689名とされ、営農指導員も削減対象だった。

「計画」遂行については5年間にわたり四半期ごとに農水省等への報告を義務付けられる。それは「部屋への入り方から退場の仕方まで指導され」「針のむしろとはこの事で被告席に座らされている心境」だったと当時の経営管理委員長は述懐する(8)。

合併をめぐる攻防と布陣

支援条件は過酷だが、破綻農協としては、解散すれば出資金は全額補てんに充てられることになり、ペイオフ解禁後は貯金も全額補填されないので、あくまで救済を求める立場だった。

問題は「健全」な6JAである。当然のことながら組合員や職員から強い反対の声が上がった。破綻農協のせいで自分たちも過酷な条件を強いられ、農協が遠くなる、今までのサービスを受けられなくなる、施設も統廃合される、配当もなくなる、といった理由である。一口で言えば「沈む船には乗れない」。合併推進本部の事務局長で合併の旗振り役だった中央会常務は「制度設計よりも反対対策の方が大変だった」としている。

しかし「健全」農協も、「1JAでも参加しなかったら全国支援は無し」という支援条件の下で、あくまで合併反対を貫けば仲間の農協の破綻を座視することになる。「大切なのは自分の農協」だが、それだけでは済まない。またJAによっては「健全」とは言っても自転車操業に近い内実もあった。

そういうなかで、合併反対の急先鋒だったJA豊見城の職員会で、ある職員の「頭を切り替えて、反対の書面議決書から全て賛成に切り替えていきます」という一言が事態急転のきっかけになったり（『JAおきなわ10年のあゆみ』30頁）、同じく反対だった同農協の野菜部会長が一転賛成に回るという一齣もあった。振り上げたこぶしを降ろす時機が来たと言える。

合併にこぎつけるに当たっては、結果論ではあるが絶妙な人的配置も作用した。すなわち上記のJA豊見城では県の元農林部長、企業局長（特別職）を経て定年後にJAの常勤監査に招かれた者が組合長に就いていた。「健全」JAトップのJA宜野湾市の組合長が、県中央会会長という表立った「反対」はいえない立場にあった。また合併推進協議会の会長には県知事を据え、県の全面協力を引き出すことになった。先のJA豊見城の組合長にも、県副知事等から「合併できないと8JA1500名が路頭に迷うことになる」旨の「説得」があった。

前述のように合併推進本部には各JAから優秀な人材が集められていた。県は事務局に人を派遣し、全中も協力を惜しまなかった。

このような人的体制が合併の舞台づくりをしたといえるが、その根底に貫くのは、「未来のため今ひとつに」、「大同団結」の合言葉、であり「オール沖縄」のDNAである。

合併予備契約調印（2001年12月17日）にあたっては、前日未明に1JA、前日に3JA、当日午前に1JAが参加を決め、全27JAの調印にこぎつけた。滑り込みセーフというタイミングである。その後の合併決議では1JAが否決したが、後日に総会をやり直して承認した。

2　厳しい船出

合併に伴う諸措置

破綻農協の組合員は一口1000円への減資となったが、「健全」農協についてはどうか。その積み上げてきた財産は、一定の基準を設けて「みなし配当」として合併前に組合員に配分した。6JAで合計40億円になる。

破綻農協の職員については、退職金ゼロ（損失補てんに充当）でいったん辞めてもらい、再雇用という形をとった。「首がつながっただけ良かった」という位置づけである。ただし賃金の引下げはしていない。ボーナスは平準化したため、破綻農協の元職員はアップし、「健全」農協の職員は下がることになり、職員の不満は大きかった。

再構築計画の要員689名削減には、定年不補充と退職金3割増しの早期退職で対応したが、最初の5年間に900名が辞めていき、「やり過ぎた」。とくに反対はなかったというものの残された職員の負担は大きかった。要員数は連合会の包括継承でほぼ元に戻り、2010年には臨時職員を大幅に採用している。

ハンディキャップを背負って

新ＪＡの役員は黒字農協を中心に構成し、初代理事長には前述のＪＡ豊見城の組合長が就任した。そのリーダーシップが広範な支持を得たものと言える。

合併直前にＪＡバンク自主ルールが実施に移されたが、ＪＡおきなわは、当初の自己資本比率が６・４％にしかならず、貸出しが公共団体や相殺可能な貸付、基金協会保証付きに限定される「レベル１」に格付けされた。その結果、３２００億円あった貸付金が２００３年末には５４５億円も減り、農家も「貸してくれないなら預けない」ことになり、６７００億円あった貯金残高も６０００億円を割り込みそうになった。そこで自己資本増強５か年計画をたて、役職員の増資、県外郭団体からの優先出資等を受け、２００４年にはレベル１の格付けを脱することができた。

また合併当初の農協法に基づくリスク管理債権は８００億円、不良債権比率25％だったが、処理の加速化に努め、09年には９・６％、16年には２・９％に縮減させた。

自己資本基準（自己資本＞固定資産等）は、合併当初は自己資本が固定資産を１７０億円も下回る状況だったが、自己資本の蓄積、固定資産の処分等により、２００９年には自己資本が固定資産を上回るに至った。

県連の包括承継については、経済連は不採算部門の整理に、信連はシステム統合にそれぞれ時間を要して、３年半ほど遅れた。連合会職員は基本的に本店配属になった。「これだけの人材は単協にはおらず、信連、経済連が統合したことが成功の秘密」とされた。県連統合により先の不良債権比率も大きく下がった。

クに必要と言うことで、50名から20名に縮小して存続している。

中央会は当面は単協合併と県連の包括承継の実務のために存置し、農政対応やJAおきなわのチェッ

3　組織機構とガバナンス

金融破綻を経ての県単一JAの組織とそのガバナンスのあり方は新生JAが最も苦心した点である。ガバナンス体制としては、折からの農協法改正で取り入れられた経営管理委員会制度が全国支援との関係で当然のごとく採用させられた。とくに経営組織の構築には試行錯誤が繰り返され、それとの関係で役員体制も変化し、経営管理委員会制度のあり方も変わっていった。その大筋は次のようである。

第一段階（2002年8月～）…移行期…旧JA（新JA支店）の連合体

本店に管理、信用事業、共済事業、経済事業の各本部が置かれ、常務が本部長を務めた。5地区（本島の北部、中部、南部と宮古、八重山）に郡単位の地区営農センターが置かれ、本島のセンターは本店経済事業本部、島部は支店に属した（2003年からは各センターとも本店の経済事業本部の下に移行）。旧JAの本店が新JAの（基幹）支店となり（27支店）、支店長理事がトップになった。

役員体制は、当初の経営管理委員は29名、女性部、青年部代表の2名を除く27名が旧JAから選出され、委員長は中央会会長が兼務した。

理事は31名、まず理事長、専務、常務4名のほか、前述のように27名が合併前JAから選出され、支店長理事となった。

要するに、経営管理委員も理事も旧ＪＡ（新ＪＡの支店）ごとに選出され、旧ＪＡの本店が新ＪＡの（基幹）支店となり、旧ＪＡ（新支店）単位に経営管理委員と支店長理事が選出され、支店ごとに支店運営委員会が置かれ、ＪＡおきなわはいわば「旧ＪＡの連合体」として出発することになった。

第二段階（04年6月～）…地域重視期…地区事業本部制

以上は2年間の経過措置とされ、定款上は理事定数は10～15名とされていたので、２００４年に理事を13名に減らし、経営管理委員を39名に増やした。

他方で、「組織2段、事業2段」の全国方針の下で信連・経済連が支所の廃止をした頃から、地域に目が行き届かなくなり、単協経営が苦しくなったという過去の経験から、「やはり地区の取りまとめ機能が必要」ということになり、郡ごとに地区事業本部を設置した。理事13名は理事長、専務2名の他は常務理事で、各5名が本店の事業本部長、地区事業本部長を務めた。地区営農センターも地区事業本部の下に移した。

また支店数を旧ＪＡごとの27支店体制から52支店体制に変更した。一部は90年代の広域合併前の農協を支店として復活させ、地域への眼をきめ細かくしたものと言える。

地区事業本部制はかつての5ＪＡ構想の再起を思わせるが、必ずしもそうではない。沖縄では歴史的に郡が地域のまとまりになってきており、農協理事の選出単位にもなってきた。そこで理事の数が減るなかで郡単位が着目されたわけだが、地区事業本部の任務はあくまで本店の指導を的確に支店に伝え、推進業務等を円滑に遂行し、「支店の取りまとめ」機能を果たすことにあり、決定権はもたない。また組合員対応はあくまで支店の任務である。

第三段階（07年8月～）…確立期…本店―支店関係

しかし地区事業本部制を実際に動かしてみると、地区事業本部を経由しないと支店に指揮命令が及ばない、地区事業本部長（常務）と本店役員の意見がかみ合わないといった内部統制上の問題が生じた。そこで地区には取りまとめ機能を残しつつ、事業は持たないことにして、地区事業本部から「事業」を外した「地区本部」とした。理事が10名になったこともあり、事業をもたないのであれば役員が張り付く必要もないということで、本部長は理事から職員に変更した。地区営農センターも宮古・八重山を除き本店直轄にもどした。

理事は現在は11名（現在の出身は信連6、経済連2、単協3）、経営管理委員は25名（女性部2、青壮年部1）となった。どちらかというと第1期のそれに近づいたが（ただし支店理事制ではない）、そこに到達するためにも、支店理事制や地区事業本部制という過渡期措置を経る必要があったといえる。

経営管理委員会制度の評価

経営管理委員会制度は新JAにとって外から持ち込まれたものだった。沖縄では従来、政治家が組合長になるケースがあり、農協が政治的駆け引きの場となり、それが債務超過の一つの背景にもなった。そこからリーダー層のなかに経営管理委員会という新たな制度を持ち込むことは農協運営の足かせになるという強い危惧感もあった。

委員会は、当初は、自分たちの財産をどう守るかに関心が集中し、「文句ばかり」「行政と議会の関係のようだ」「会議が二重三重になる」と不評だった。

それについて長年にわたり経営管理委員を務めてきたある者（57歳、3名雇用の野菜農家）は、「理事会が連合会出身者や職員で固められてしまうと、現場の声が反映されなくなる恐れがある。何らかの形で農家代表が加わることが大切だ。また委員は地元への説明責任があり、きちんと説明してくれることが大切だ」と言う。そのため経営管理委員は支店運営委員会に参加し組合員の声を聴くようにしているという。

このような経験がつまれ、議題が整理されてくるなかで、今日では委員会で理事会提案がひっくり返されることもなく、「委員会は理事会の暴走を防ぐうえで有効」という評価に落ち着いている。

理事会、経営管理委員会ともに月1回だが、理事会は毎週月曜に役員会を行い、迅速に意思決定を行うことができ、かつてのようにビジネスチャンスを失うことも避けられるようになったと理事側はみている。

基幹支店を軸に

2004年の52支店体制が今日まで続いている。うち離島が16である。支店は「基幹支店」と呼ばれている。

基幹支店は主に信用・共済・購買事業を担い、組合員課や営農課を置くところもある。一般貸出（証書貸出）等の権限等をめぐり、S（5000万円以下、合併前の「健全」農協が主）からD（700万円以下、全て離島）まで5段階に分かれる。

基幹支店は、地域営農ビジョンをたて、場所別収支計算の単位となり、その成績に応じて支店活性化資金が配分される（JA全体で2000万円）。

支店運営委員会が設けられ、委員は任期3年で、総組合員数に応じて500名未満は7名以内から500名以上は19名以内までを支店長が推薦し、理事長が委嘱する。女性部、青壮年部、市町村の産業課長等もメンバーに入り、前述のように経営管理委員も出席する。委員会は年4回開催義務付けの他は自由である。

総代選出、女性部、青壮年部も基幹支店単位である。「何をやるにしても基幹支店」とされている。

4　営農指導体制

分権的な地区営農振興センター

5郡に地区営農振興センターが置かれる体制に大きな変化はなかった。発足当初は、本島には北部・中部・南部の営農振興センターが本店の経済事業本部下におかれ、宮古・八重山の営農振興センターは支店直轄だった。地区事業本部制に移行した段階では、営農振興センターは地区事業本部（常務）の下に置かれ、地区本部制に移行してからも同様だった。それが2008年からは本島の3地区営農振興センターは本店直轄、宮古・八重山は遠隔地ということで地区本部直轄という当初の体制にもどった。しかしいずれも分荷権はもたない。

宮古地区本部の例をみると、営農振興センターの下に農産部とさとうきび対策室（サトウキビは島の販売額の６割を占める）が置かれ、前者は野菜果樹とファーマーズマーケット「あたらす」の出荷協議会を担当している。畜産振興センターも置かれている。

現在の営農指導員は１６４名（２０１６年に7名、17年に5名増員）、地区別内訳は本店7名、宮古19名、八重山7名で、後は本島だが、なかでも南部が3割を占める。作目別には青果47％、花卉16％、畜産18％、サトウキビ９％である（２０１６年）。北部を中心に支店配属が5名いるが（離島）、その他は地区営農振興センター所属である。野菜・果樹の振興に力が入れられている。

ＴＡＣは14名、営農指導員ＯＢの雇用で、地区営農振興センターに所属し、５００万円以上の販売農家を訪問し（２０１７年度で１１０８戸を対象に延べ９０００回）、日報を義務付けている。

農業振興と離島対策

沖縄は「亜熱帯島嶼農業」として多様な作目の展開可能性があるとともに、サトウキビ等の加工原料向け政策作物が多く、遠隔地農業として集出荷施設等の設備投資を要し、台風・旱魃等の自然災害を受けやすいといった特性をもち、「協同」の力が強く求められる。それに対して、合併前は都市部ＪＡは「カネはあるが農業がない」、農村部・島部は「農業はあるがカネがない」といった地域的ミスマッチが大きかった。それが1県1ＪＡ化により全県をにらんだ投資が可能になった。

まずファーマーズマーケットが毎年のように建設された。02年の糸満の「うまんちゅ」、05年の宮古の「あたらす」、06年のやんばるの「北部はい菜」、07年の沖縄市の「ちゃんぷるー」、08年の豊見城の「菜菜色畑」、11年の読谷の「ゆんた」と宜野湾の「はごろも」、八重山の「ゆらてぃく」等と続いている。総数は10（枝市場を含めれば11）で、地域的には人口の多い中部、南部に集中するが、宮古、八重山の島部にも各1ある。販売額も２００８年頃に30億円、２０１１年に50億円を越え、２０１７年度には76億円と目標の80億円突破に近づいている。大型店はやや伸び悩んでいるが、総合的直売所（カフェ・食堂・市民農園併設）、信用店舗併設型のミニファーマーズ、安全・安心対策のための営農指導員配置等の新たな展開を検討している。生産者会員は９０００名にのぼり、生産部会会員１万人にほぼ匹敵する。

県外のファーマーズマーケットにも３・５億円出荷している。

農業施設では、サトウキビ・パイン・シークワーサーの加工施設、青果物の選果場やパッキングセンターが建設されている。農業投資はとくに離島に力を入れ（ＪＡおきなわが運営する製糖工場６は全て離島立地）、離島は合併効果を最も享受できた。

農協の２０１７年度の販売額は６１６億円（県の産出額は２０１６年度に１０２５億円で、21年ぶりに１０００億円を突破）、畜産35％、サトウキビ31％、野菜15％、花卉６％、ファーマーズマーケット12％だが、とくに離島では農業産出額に占めるサトウキビの割合が33％、肉用牛が37％、合わせて70％になる。サトウキビは離島＝国境を守る作物とも位置付けられ、各島には製糖工場と家畜セリ市場が置かれている。

以上について関係者はどう見ているか。

県農林水産部長は、離島の農業政策は担い手育成だけではダメで、人がいなければならず、ＪＡがあるために離島でも安心して暮らせるとする。

青壮年部長（58歳、那覇市の小禄支店、4名雇用してハーブ栽培）は、都市部の旧小禄農協では声を大にしても国県にとどかないが、JAおきなわの声になるととどき、本島南部での施設園芸も盛んになった。合併していなければ地域農業は衰退に向かっていたとする。青壮年部としても九州全域との交流など合併メリットは大きかった。

北大東島農協に就職し、合併後の支店長から支店長理事を務めた女性は、島の農協は大赤字が続き、合併時には黒字だったが、翌年、翌々年には台風と旱魃に見舞われ、販売額も5億円から1億円に落ちた。合併していて本当によかったという。支店長理事は合併後の島をまとめるために必要な措置だったともいう。現支店長も女性が務めている。

島は船が横付けに出来ず不便で人材確保が難しく、合併により本島で採用して離島に送り込んでくれるようになり、1県1JA化は人材確保のうえでも不可避だった。島では旱魃を機にカボチャやジャガイモの生産振興をし、カボチャは8000万円まで行っている。離島の店舗等は赤字が多いがライフライン店舗としての位置づけである。

自己改革の取組み

JAおきなわは、サトウキビ生産量の回復・増大、肉用牛価格の上昇等を背景に2013年以降は農業事業利益がプラスに転じている。それを受けて第6次中期経営計画（2016～18年度）を「創造的自己改革の実践」に位置づけている。

ⓐ目標…農業者の所得増大（販売高）を579→645億円、農業生産の拡大（県農業産出額）を9

01→1100億円、次世代組合員4万5000人、複数事業利用者6万7000人の確保。

ⓑ担い手育成…担い手サポートセンターを設置し、県域を越えたJA間での季節労働者派遣、ベトナムなど外国人技能者受け入れのための監理団体資格取得、農地調整員（農地中間管理機構の業務委託）による農地集積、ファーマーズマーケットへの営農指導員派遣計画、農業研修施設等での新規就農者研修、JA出資型法人の設立（赤字のため職員2名派遣）。

ⓒ営農部門の体制強化…営農指導員の販売・企画力強化に向けて本店に指導班を設置。

ⓓ農業所得・農業生産の増大…サトウキビの遊休農地対策としてJAによる農業直接経営（与那国で耕作放棄地18haの復旧）、製糖工場の県域を越えた労働力確保、強い農業づくり一括交付金を受けたパイン、シークワーサー、小菊、トルコキキョウ等の生産拡大、簡易牛舎リース。

農業者のリスク軽減と業者対抗のため一本釣り現金買いの買取販売に取り組み、青果物は2017年度で26億円の実績で、とくに若手農業者に好評である。ファーマーズマーケットの販売戦略として「島やさいの日」、クッキングスタジアム、ミニファーマーズ、信用店舗併設型FM等を実施あるいは検討している（前述）。県外出荷のために関西営業所を設置し、2017年1月には輸出戦略室を設置、シンガポール・香港・台湾向けの紅イモ・カボチャ・ゴーヤ・ミニトマト等を2020年度までに1億3200万円にするとしている。

生産資材価格の引き下げは、2016年度3億円、17年度4・5億円の実績である。

とくにサトウキビ遊休農地対策、製糖工場労働力確保、青果物買取販売、ファーマーズマーケット活性化等は沖縄ならではの取組みと言える。

5　成果と課題

剰余金処分政策

合併初年度は赤字のために無配当で、不満が強かった。次年度から10年物国債利子を参考に出資配当0・8％を行い、優先出資を募った2004年度からは1％（優先出資は1・2％）に引き上げ今日に至っている。

破綻ＪＡの組合員は減資されたので出資配当がない。ＪＡおきなわの准組合員の出資割合は44％に及び、出資配当の4割以上は准組合員に帰属することになる。そのような事情も踏まえ、出資配当とほぼ同額の事業利用分量（利用高）配当を行うこととした。現状では、ほぼ総額2億円を貯金残高、貸出金利、生産資材、園芸販売高、畜産販売高で5等分して利用高配当している。両配当額を合わせると2017年度は当期剰余金の16％に当たる。

2010年に、「組合員・利用者の顧客満足度の向上」「ＪＡ顧客基盤の拡充」を目的として総合ポイント制を導入した。当初は信用共済事業の利用にも付けていたが、2016年度から准組合員対策、次世代対策を考慮してファーマーズマーケット・購買店舗でのポイント獲得率をアップしている。現在の会員は17万人で計4000万円の付与になっている。

合併の特徴

沖縄の合併の特徴は何といっても債務超過に陥った合併農協や離島農協の救済、それも全国支援を受けたことに伴う過酷とも言える条件を与えられた下での合併という特徴を持つ。しかし多くの合併が債務超過の救済を1つの背景としていることからすれば、それが先鋭的な形であらわれた例と位置付けることもできよう。債務超過の農協は一部であるから、健全経営を維持していた農協としては、とりわけ生活と農業を地域内で営んでいる農業者からすれば、外の世界から持ち込まれた話であり、しかも過酷な合併条件の被害を被るわけだから、「内発性なき合併」どころか「負の合併」ともいえる。しかし合併反対論の弱点は、「では破綻農協をどうするのか」に対する前向きの回答がない点である。沖縄という厳しい経済的自然的条件下で、多くの地域、離島から農協がなくなれば生活が成り立たず、沖縄経済が成立しない。このような地域的利害と全県的利害の調整には自治体行政や農協リーダー層が当たるしかない。その課題に「オール沖縄」で立ち向かっていったといえる。これまた合併に多かれ少なかれ付きまとう面であろう。

事業組織やガバナンス（経営管理委員会）をめぐっては、大きくは香川県と同様だった。沖縄の特徴は地区本部制を合併に伴う過渡的な緩衝措置としてではなく、「地区の取りまとめ機能が必要」との観点で導入した点であるが、結果的には香川県と同様の経過をたどった。しかし沖縄の特徴は、宮古、八重山という大きな島嶼地域をかかえる点で、とくに営農指導体制という点で一定の自立性を有している。

合併の成果

2002年＝100とした主な項目をみると表2－3の通りである。

組合員は正組合員87、准組合員143で准組合員比率は65％、優先出資28％を差し引いた組合員出資

表 2-3　JA おきなわの事業の推移

単位：人、億円、％

		2002	2010	2017	2017/2002
組合員数	総数	117,301	122,308	141,500	120.6
	正組合員	56,795	53,637	49,178	86.6
	准組合員	60,506	68,671	92,322	142.6
	准組比率	51.5	56.2	65.3	
貯金額		6,341	7,198	8,839	139.4
貸出金額		3,001	3,077	2,961	98.7
貯貸率		47.3	42.5	33.5	
長期共済保有額		17,631	14,165	13,365	75.8
生産購買額		146	148	166	113.7
生活購買額		98	400	322	328.6
販売額		444	507	616	138.7
事業総利益		201	191	200	99.5
経常利益		11.4	7.7	16.4	143.9
当期末未処分剰余金		7.2	11.02	29	263.6
自己資本比率　　比率		7.2	10.8	10.9	
職員数	正職員	1,878	1,787	1,830	97.6
	臨時職員	557	1,010	1,197	214.9
	計	2,435	2,797	3,027	124.3
組合員当たり貯金額		541	588	624	115.5
正組合員当たり販売額		78	95	125	160.3
労働生産性（万円）		825	683	660	80.0

注：1）労働生産性=事業総利益/職員数
　　2）下段 3 つの単位は万円。
　　3）総代会資料による。

では准組合員が62％と過半を占め、合併時の減資がなお響いている。２０１６年度から総代会に准組合員50名の傍聴席を設けたが、発言はなかった（２０１６年の総代実数は６９４名）。准組合員代表者の意見陳述を課題として掲げている。

販売品は１４０弱であり、本土のほとんどのＪＡがこの間に大幅に販売額を落としているのに対して大いに健闘している。米依存たりえなかったことがプラスに作用している。とくに野菜・果実の買取販売に注力している。沖縄農業は今、サトウキビの生産増、畜産物価格の上昇、青果物の伸長で伸びており、それに伴い農協手数料も増え、農業事業利益（共管配賦前）も２０１３年以降プラスか若干のマイナスにとどまっている。

生産購買114に対して生活購買は329と伸張著しい。絶対額でも生活購買は生産購買の2倍弱である。生活店舗・Aコープやガソリンスタンドは子会社に移し、ファミリーマート店もオープンしているが、共同購入、全国的にもめずらしい「クミアイ家庭薬」、結婚式場、セレモニーホール、居宅介護施設、デイサービス施設等を展開し、とくに離島での生活インフラとしての農協の存在意義を大いに示している。

貯金額は139（合併時6000億円が1兆円を視野に入れるようになっている）、貸出金は横ばいで、貯貸率は47％から34％に落ちている。農業資金貸付残高は1666億円で全体の56％を占めて高い。長期共済保有額は76と落ちているが、2017年度にはその新契約高を前年度の倍伸ばすなどして、維持している。

職員数は正職97、臨職（2016年は常用的）215で、臨職は4割に達する。この点はJA香川県と同様である。合併時には全国支援の条件として非常に厳しい要員削減を求められたが、事業の伸びとともに「減らし過ぎた」ということになり、正職員数はほぼ回復した。しかし事業量の伸びは常用的臨時雇用者により支えられている。

2017年度の経常利益16・4億円を100とすると、信用115・2、共済50・2、農業▲65・4、生活95・1、営農指導▲95・0である。信用依存度が高く、生活事業が営農指導事業赤字に匹敵する黒字を計上しているのが注目される。後者の赤字15億円を正組合員数で割ると一人当たり3・2万円弱で、全国平均の2・5万円をうわまわる。

合併時の大問題だった自己資本比率は11％に達し、不良債権比率は2・86％（2016年度）に圧縮された。自己資本基準（自己資本―固定資産、あるいは固定比率＝自己資本／固定資産）は合併時には▲170億円だったが、2009年にはプラスに転じ、2017年には145・0になっている。

この間、組合員一人当たり貯金額や正組合員一人当たり販売額を伸ばすことができた。しかし労働生産性は8割に落ちている。事業総利益は横ばいだったのに職員数は臨時を中心に増えたからである。

JAおきなわ自身があげる県単一JA化の最大のメリットは、JAグループとしての意思決定の迅速化である。合併前は単協間協議（地区組合長会議）、単協と連合会、連合会と中央会、全体組合長会議など何をするにも二重三重の会議に時間が割かれた。そのためにビジネスチャンスを逃したこともある。それが、県単一JAになることによって理事会の招集が容易になり、毎週月曜に役員会議を開き、決定は本支店を一本で結んで迅速に実施に移せるようになった。

その一つのテコとして経営管理委員会制度を採ったことがあげられる。それは理事会側からの評価ということになるが、前述のように、当初は経営管理委員会は不評で、それを意識してか理事会提案の否決が続いたが、経験とともに運営も定着してきている。合併直後に不祥事はあったものの、その後は試練を乗り切ってきたといえる。

合併の成果として、とくに離島の生活と農業を守ってきたことが特筆される。離島の支店の経営は厳しく、赤字であるが、生活インフラとして1県1JAに抱え込んでいる。離島の農協は合併しなければ確実に滅んでいた。それは離島の生活と農業の滅亡を意味する。それを守れたことの意義は大きい。

課題

ＪＡおきなわの特徴は貯金額と販売額の伸びを併進させたことである。それは産地農協と地域金融機関の両方の可能性を示唆する。しかしながら前述のように農業関連事業は、収支トントンの域にはきているが、共通管理経費を負担し得ず、それがそのまま経常利益の赤字になっている。

観光事業にも支えられて沖縄経済がなお成長を続けるなかで、貯金も資金需要も拡大が見込まれ、ＪＡとして信用事業の代理店化の意向はないものの、農林中金からの還元金減は信連を包括承継したＪＡおきなわにはもろに跳ね返る。また沖縄農業は自然災害や国境政策等の政策的影響を受けやすい。そういう状況下で、農業関連事業が共通管理経費を負担しえる自立的水準になることが求められよう。

第3節　ＪＡしまね――足元の明るいうち合併

はじめに

ＪＡしまねは、２０００年前後の1県1ＪＡ化の三事例に次ぎ、農協改革下のはじめてのそれである。この間、いくつかの1県1ＪＡ構想があったものの、パーフェクトに成立したのは島根県のみである。その二つの意味で注目される事例である。

1　合併の経過

合併の経過――10年越しの取組み

島根県は出雲、石見、隠岐の三地域からなる東西に長い県で、以前から9ＪＡ構想があったが、11ＪＡにとどまっていた。２００３年の第28回県大会の折に、識者から「将来的に中山間地域では人口減少・高齢化によりＪＡ不在地域が出る恐れがある」ことが指摘され、次期大会の検討項目とされた。２００５年末には農協系統組織整備委員会が「２００９年ＪＡ大会までに、1県1ＪＡなど新たな合併構想をめざして検討を進めること」を答申し、２００６年の県大会でその旨が決議された。それを受けて単協専務・常務レベルの系統組織整備検討委員会と中央会内の事務局（組織整備対策部）が設置された。委員会では東部・中部・西部の3ＪＡ案も出たが、「いずれ一つにならざるを得ない」ということで、1ＪＡ案になった。

２００９年県大会で「県内全てのＪＡと県域連合組織の合併（1県1ＪＡ）を基本」として２０１２年を目途に合併することとし、県ＪＡグループ統合研究会とその事務局（23名）を設置した。しかし後述する地区本部制のあり方（権限と機能、独立採算運営）をめぐる意見対立が表面化し、協議が進まなくなった。あわや解散ということになったが、「協議を中断し、事務局を解散させれば将来にわたり1ＪＡは実現しない」という強い意見が出され、「統合時期の無期限延期」のうえで、組合長クラスを中心に話し合いが続行された。半年の協議を経て、やはり「1ＪＡ以外の選択肢はなく、統合不参加のＪＡが出た場合は白紙に戻す」（1ＪＡでも参加しないと信連の包括承継ができない）という結論になり、

JA・県連の各理事会で承認された。「一度は統合をやめようというところまで行った」とも言われる。
２０１２年11月の県大会では改めて「統合」が決議され、２０１３年に統合推進協議会が設立され、２０１４年３月23日、各JAの一斉臨時総代会で96・９％の賛成を得て２０１５年３月の新JA設立となり、同11月に県信連を包括承継し、「統合の完結」となった。
問題提起から10年の歳月を経て、あわや解散に追い込まれながらも、急転直下、合併合意にこぎつけたわけである。

合併の理由

合併の最大の理由は前述のように人口減対策である。島根県は２０１５年に人口70万人を切るなど過疎化が著しいが、さらに問題なのは過疎化自体が著しい地域差を伴っている点である。表２－４にみるように、正准組合員数をみても、この10年間に県全体は６・３％増、松江市や出雲市のJAはかなりの伸びだが、隠岐の島や県西部10％以上減ったところもある。表示は略したが、正組合員をみればJA隠岐▲33％、JA石見銀山▲21％、JAいわみ中央▲25％とより激しい。地域によっては「むら」がなくなる危機であり、それに県内農協陣営としてどう対処するかの問題だった。

地域格差を乗り越えて

しかし各JAとも債務超過や経営不振に陥っていたわけではないので、過疎化あるいは過疎化格差は、合併の「総論賛成」の理由にはなり得ても、決定打にはなりにくい。加えて各JA間には大きな格差が

表2-4　合併前のJAの状況

単位：%、人、億円

JA名	行政管内	組合員増減率	正組合員数	貯金	貸出金	販売額	購買額	長期共済保有額	自己資本
くにびき	松江市	32.6	10,116	1,251	563	26	23	6,641	71
やすぎ	安来市	1.1	5,886	627	254	29	17	2,792	47
雲南	雲南市など	△0.2	11,610	991	317	61	34	6,080	44
隠岐	隠岐の島町	△15.5	2,210	171	72	2	4	820	7
隠岐どうぜん	西ノ島町・海士町など	△7.5	1,202	151	32	4	3	540	5
いずも	出雲市	13.7	13,014	2,453	939	78	177	9,317	151
斐川	斐川町	3.6	3,518	504	191	24	29	2,413	43
石見銀山	大田市	△3.7	4,922	463	134	25	25	2,391	19
島根おおち	川本町など	△12.9	4,800	555	134	23	32	2,347	23
いわみ中央	浜田市など	0.8	6,121	856	310	20	17	4,341	32
西いわみ	益田市など	△5.6	8,106	802	210	37	15	4,091	26
合計（平均）		6.3	71,504	8,824	3,157	328	377	41,792	467

注：1）組合員増減率は、2006～2015年で、JAしまね「農業戦略実践3か年営農計画」による。
　　2）その他は、島根県JAグループ統合推進協議会「島根県1JAの創造」（2013年）による。

あった。

表2－4にみるように合併前の旧ＪＡには画然たる格差があった。島しょ部の壱岐をいちおう除いても、とくに貯金・貸付金といった信用事業において格差が大きく、その他の事業規模や正組合員数でも4倍前後の開きがあった。

いずれの指標においてもＪＡいずもがトップにたち、ＪＡくにびき、ＪＡ雲南等の東部が大きく、ＪＡ石見銀山以下の西部が低かった。隠岐の島の2ＪＡは、販売額、購買額ともに億円単位で一けた台、貯金額も百億台である。

同じ東部でも、ＪＡ斐川は、その恵まれた立地条件を活かし、工場誘致と斐川平野の水田農業の大規模化が進み（農工併進）、合併への反対が強かった。

それがなぜ合併にこぎつけられたのか。合併が高位平準化をめざす以上は、「良い農協」が反対、「悪い農協」が賛成というのが合併の経験則である。

その問題をクリアするため、２００９年大会では、

「組合員の意思反映や利便性の確保、地域特性の維持・発揮のため、独立採算を念頭においた地区本部制（現在のＪＡ単位）を導入する」、「十分な組織協議を行うこと」を決議した。

さらに、県中央会「ＪＡしまね統合の経過と課題」（２０１６年９月）は、次のような合併成立の要因をあげている。ⓐ組合長はじめ常勤理事自らが十分に納得し、組合員に説明する、ⓑ意見の相違があれば率直に議論する（ケンカは合併前にして合併にもちこまない）、ⓒ十分に納得できるまで、結論を急がない、ⓓ少なくとも年に一回は全組合員への説明会を実施、ⓔ同じことを繰り返し説明する、ⓕ消極的なＪＡに対する個別対応も必要。

このうちⓒは「無期限延期」に具現され、ⓑⓓⓔは組合長から部課長までの各級協議が延べ３００回以上、冊子（『島根県1ＪＡの創造』など）、ＤＶＤによる組合員説明会は計６回に及んだことに示される。

中央会の文書は、続けて、合併契約書第1条に、「被合併組合単位に地区本部を置き」、「地区本部別損益管理」を行い、「新組合の設立による支店・事業所等の統廃合は予定しない」ことを明記したことが、「経営状態の良いＪＡや離島のＪＡの組合員にとっての安心材料になり、最終的な合意につながった」としている。なかでも決定打は「地区本部別損益管理」である（後述）。このように合併契約書に地区本部制を明記したことが、ＪＡしまねの最大の特徴である。

また、ここでⓐの決定的重要性が浮かび上がる。すなわち「経営状態の良いＪＡ」の先頭にたつＪＡいずもの組合長に組織代表が選出され、さらに同組合長が２０１０年に中央会長になった。職員ではなく組織代表が組合員の説得にあたること、合併で最も「損」をするＪＡの代表が中央会長として合併の先頭にたつこと、ここに合併の人事的な「秘訣」があるといえる。

県連はどうなったか

信連は合併から半年後に包括承継した。余裕金の一本化効果が大きい。信連職員の多くは本店に移ったが、一部は地区本部や総務・管理部門に移っている。統合ＪＡにあっては前述のように一定額以下の貸付は地区本部が行うが、２億円以上の貸付審査、有価証券を含む運用は本店で行う。

全農については、県本部は廃し、営農・販売・生産購買の一部など県域機能は単協に移し、肥料農薬企画、広域物流、Ａコープ、組織購買等の全国・中四国規模で広域展開しているものは全農に残している。全農から統合ＪＡに70名程度が出向しており、今後、意向確認の上で移籍が進められる。販売手数料は２％とし、その内数として全農の取り分を物流費に上乗せしている。

全共連については準備金積立義務や全国統一の事業方式を踏まえ県本部は存置し、普及や損害調査について調整中である。

厚生連は医療機関としての法人税の特例を受けることから存置した。

中央会は、監査と代表調整機能は残し、営農、地域振興、教育の機能、農政・広報の一部機能はＪＡに移した。10名程度にスリム化し、今後のあり方については他の３つの１県１ＪＡとも話し合っている。

財務調整

前述のように農協間には大きな資産格差があり、組合員出資金一口当たりの自己資本額に相違がある。

そこで出資金１００円当たり持ち分を〈各ＪＡの純資産（自己資本）÷出資金×１００円〉で計算し、持ち分が１８８・６円（平均）を超えるＪＡに対しては財務調整を行う。すなわち出資金１００円当たり持ち分が１８８・円となるまで出資金（口数）を増額するか、地区本部特定財産を取得できる（新ＪＡに持ち込む）こととしている。１８８・６円に満たないＪＡは合併までに内部留保に努め、それでも１８８・６円に満たない分は合併後の出資配当を新ＪＡの増資原資とする（出資金に充てる）としている。

支店や職員の扱い

合併契約書で「新組合の設立による支店・事業所等の統廃合は予定しない」としている。統合前に支店統廃合はほぼ目標を達成しており、当面の必要はないことを「組合員にも明確に伝えてきた」が、低・マイナス金利など環境変化が著しいなかで、将来的にはそれへの対応を求められることになろう。

職員については、「在職する職員は原則として新ＪＡに引き継ぎます」としており、実際にも合併に伴う減はなかったとしている。給与については旧ＪＡ、県連間に差があるが、４～５年かけて統一することとし、一般職員についてはＡ、Ｂ、Ｃのランクをつけ、Ａに近づけるようにする。管理職については役割給を新たに設ける。管理職の地区本部間異動は今のところないが、将来的にはありうる。労働時間については土曜日の出勤日数に差があるが、地域住民に浸透しているので一挙に統一せず、１８３５時間から１９４３時間の差がある。

職員の採用方法は変った。２０１６年までは地区本部ごとに行っていたが、２０１８年度採用については新たに県域枠を設け、60名採用のうち20名は県域、40名を地区本部で採用している。新規採用研修については既に合併前から3カ月の合宿形式の連合研修会方式で行っている。通常は2週間程度であり、地区本部からは長すぎるとの不満もでているが、大切なことだろう。

2　地区本部制とガバナンス

地区本部の仕組み

合併協議にあたりもっとも紛糾したのは地区本部のあり方であり、合併合意の決め手も地区本部だった。

すなわち表2－4（98頁）の旧ＪＡが新ＪＡの地区本部に移行する。地区本部には常務（常勤）理事が本部長1名と副本部長1～2名（副2名はくにびき、雲南、いずもの3地区）置かれ、この本部長・副本部長には職員ではなく地区選出の組織代表が就く。当時のリーダーは、今後とも地区本部長は組織代表がなり、職員がなるとはあり得ないとしている。

機構的には、営農・経済・信用・共済・経営管理の5部門に常務が張り付き（総務・人事は常務がおらず専務に直結）、それとの並びで前述の地区本部長常務理事が置かれ、地区本部を統括する。つまり地区本部の各事業は本店各部ではなく、あくまで地区本部長下に置かれるわけである。地区本部長は合併前の組合長が有していた貸出金5000万円～2億円（3区分）の決定権限をもつ。この点は、他の多くの事例が、信用共済事業については〈本店―支店〉直結方式にしているのと異なり、地区本部の独立性が高い。後述するように営農指導事業も同様である。

地区本部には、総代会の事前協議を行う地区本部別総代会と地区本部運営委員会が置かれる。前者は、総代会付議事項の事前協議、JA全体の重要方針や組織協議事項に関する意見聴取、地区本部別事業計画と実績の報告・意見聴取等を行う。取り上げられるのは極めて重要な事項だが、「協議」「報告」「意見聴取」の場であり、審議決定の場ではない。

また後者は、組合員の意見・要望を地区本部やJA全体の方針に反映させ、地区本部の特性を活かした事業運営を行うための組織とされ、委員数は旧農協の役員数を基準に地区本部で決定することとされている。さらに支店運営委員会が、10~20名程度の規模で、准組合員代表も含めて設置される。

旧JAを地区本部として残した以上は、あたかも旧JAの総代会に匹敵する機関が求められるわけだが、意思決定機関は新JAに移行しているので、そこに組合員意思を最大限に反映させるための工夫である。

青年連盟、女性部、部会等の組合員組織も地区本部に置かれる。

地区本部への業績還元

前述のように「独立採算を念頭に置いた」(2009年大会)「地区本部別損益管理」(合併契約書)を行い、「地区本部の事業活動の努力に対し、業績(経営成果)に応じた還元措置を講じることとし、名称を『成果配分』あらため『業績還元』とする」、「業績還元は統合後3年間実施する。4年目以降の扱いについては統合後検討する」(「JAしまね統合の経過と課題」前掲)とされている。

その具体的な仕組みは次の通りである。すなわち総代会資料には地区本部ごとの事業利益、経常利益、当期剰余金の実績が記載され、次年度計画の「参考（地区本部損益）」ではさらに詳しく、各事業ごとの総利益、経常利益、税引前当期利益、法人税、当期剰余金が記載されている。

しかし合併した以上は剰余金が地区本部ごとに配分されたりするわけではなく、これらはあくまで帳簿上のもので、「損益管理」と「業績還元」のためである。

すなわち上記の剰余金に「調整項目」をプラスしたものを「地区本部損益」とし、その割合で、あらかじめ決められた総業績還元額を各地区に按分する（赤字は次年度に繰越す）。

ここで「調整項目」とは、例えば合併後の指導賦課金は正組合員1戸当たり1500円とされているが、合併前には1万円のところからゼロのところまであった。そこで仮に合併しない場合に得られたであろう収入を加算することである（この点については、2018年度総代会資料では、賦課金等は、旧JA損益と比較する必然性がなくなったとして、2018年度以降は調整項目としないとしている）。

こうして計算された年度の業績還元額は、次年度に本店で費用として予算計上し各地区に配分される。「今年頑張れば来年の還元が多くなりますよ」というスローガンである。業績還元額の使途は個人配分はせず、農業祭や農産物の販促活動など協同活動に充てることにしている。

具体的には、2015年度剰余金処分（案）には、次期繰越剰余金には地区本部業績還元額2億円が含まれている旨が注記されている。しかし2016年度案ではこの注は消えた。代わりに出資配当を1％から1・5％に引き上げている。引き上げは額にしてほぼ1億円なので、2億円からそれを差し引けば業績還元の原資は1億円になる。総代会での意見も踏まえつつ、その具体については検討中ということだったが、現実には踏襲された。

しかるに２０１８年総代会資料では、２０１７年度の剰余金処分案として、出資配当金は年１・０％とされ、ふたたび元にもどされた。かつ注に「次期繰越剰余金には……地区本部業績還元の費用に充てるための繰越金２億円が含まれている」と銘記されている。この点でも元に戻ったといえる。

業績還元額の実態をみたのが表２−５である。原資２億円の２０１６年度については、８０００万円から５０００万円の差がついた。原資が半額になった17年度は３９００万円から１００万円の差だ。倍に引き直せば、下限が下がったといえる。

その使途について、２０１８年度の総代会資料で、「『業績還元金』を活用し、肥料・農薬特価販売、生産部会活動費助成、産直店舗販売対策、各支店『ご来店感謝デー』イベント、年金友の会親睦旅行、農政公開セミナーなどを実施しました」（くにびき、１８００万円）、「農業まつりへの助成や肥料・除草剤の半額販売等」（いずも、３９００万円）、「ふれあいの場を提供し、組合員への日頃のご利用に感謝を込めた『石原詢子歌謡ショー』を開催」（おおち、４００万円）「消費拡大や総合ポイント特別付与等の農業振興関連、『バラエティショーｉｎいわみ』」（いわみ中央、６００万円）、と報告しているが、他の地区本部には見られない。

表 2-5　地区本部への業績還元額

単位：百万円

	2016	2017
くにびき	19	18
やすぎ	12	2
雲南	6	1
隠岐	5	2
隠岐どうぜん	5	1
いずも	80	39
斐川	7	4
石見銀山	6	4
島根おおち	13	4
いわみ中央	18	6
西いわみ	9	5
計	180	86

注：総代会資料による。

還元金は、島根おおち地区本部のような事例もあるにはあるが、一定のまとまった金額でなければ、それを財源と銘打った事業を仕組むほどのものではなく、組合員に「みえる」ことにもならず、その趣旨を伝えにくく、支部の業績を高めるという所期の目的にそわない。

リーダー層は、統合によりフリーライダーが出ることを防ぎ、全体の業績を上げるには競争を取り入れ切磋琢磨に報いる必要があることを強調している。確かに「協同と競争」は大事なポイントである。しかしながら、表2−5にみる地区間格差は、表2−4の貯金量の格差とほぼパラレルである。つまり業績アップ（伸び率）への報償というより、規模の地域差であり、現実には業績の良い大規模JAの合併への不満を多少ともやわらげる措置にとどまる。

なお、旧JAいずもは事業利用分量配当を行っていたが、新JAしまねは行っていない。他方で総合ポイントカード（おさいふカード）を導入し、信用共済や生活店舗など幅広い利用に供しており、会員数18万3000人に達している。地区への還元と個人への還元の違いはあるが、翌年の費用として計上し還元するシステムは同様である。

理事会と総代会

新農協は、総務・人事・管理系統、信用・共済の共通事務といったバックヤード機能は本店集約とし、事業推進は地区本部が担うこととしている。他方で前述のように機構図はそうなっておらず、本店と地区本部の関係調整というガバナンスが重要である。

まず新JAは理事会制をとった。経営管理委員会方式についても検討したが、メリットがよく分からない、採用して止めた事例もある、理事会方式の方が分かりやすいということで、合併後も検討はしていない（その後の事態は後述）。２００１年法改正時と異なり行政側の指導もなかったのだろう。

理事会は定数65で、内訳は組合長・副組合長、本店常勤６名（専務・常務）、正副地区本部長25名、非常勤32名である。本店常勤の出自は中央会１、全農県本部２、共済連１、ＪＡいずも１、地銀出身１である。また非常勤は隠岐の２本部を除く各地区本部から２～９名、本店に女性・青年枠３名である。なお本店部長職16名の出自は連合会等と単協が半々である。

理事65名というのは意思決定機構としては大所帯であり、そのうち常勤が33名も占めて、非常勤32名と拮抗しているが、それは主として正副地区本部長が常勤理事になるためである。彼等は常勤の地区本部トップという意味では経営側にたつが、その選ばれ方からして旧農協エリアの組織代表という立場であり、単協ＪＡしまねの「旧ＪＡ連合会」的な面を示す。ガバナンス機構として考えた場合、なかなか複雑である。

総代は１０００名とし、地区本部別に選出され、女性10％以上を目標とする。最大はいずも地区本部の１８８名、最少は隠岐地区本部の30名である。彼等は地区本部別総代会を構成し意思統一する。

２０１８年度総代会資料では第３号議案として、①現行33名の常勤理事体制を、「半減」を目安にみなおす、②非常勤理事が過半数を占めるようにする、③地区本部運営委員会の役割・位置付けを再検討、構成員や運営方法を統一的に再構築、④将来的な経営管理委員会制度の導入に向けて継続して協議、２０２２年総代会を次の節目に「第２段階の改革」を検討、策定、としている。

その方向は不明であるが、以上から推察すると、地区本部を旧ＪＡ的な位置づけからあくまで本店下の事業機構に改め（トップも職員に変更し）、さらには経営管理委員会制度を導入し、組織代表を経営監視機能に専念させる、すなわち1県1JAの島根的特徴を薄める方向に向かうのではないか。とすれば地区本部や業績還元にもメスが加えられることになろう。まさに改革の「第二段階」である。

3　営農指導体制

地区本部主体の営農指導体制

ＪＡしまねの販売額は383億円（2016年度）、畜産物45％、米25％、野菜10％、果実7％、産直8％（2015年度）などバラエティに富む。地区本部別にも、畜産主体が隠岐どうぜん・石見銀山・西いわみ地区本部、米主体が斐川・島根おおち地区本部、畜産と米がいわみ中央・雲南・やすぎ、隠岐地区本部、いずも地区本部は後述のように畜産・果実・米、くにびき地区本部は米と産直と分かれる。

このようななかで、地区本部が営農・販売の主体に位置づけられる。例えば、営農指導員は全部で160名、営農渉外員（ＴＡＣ）は25名だが、後者については本店の県域担当は4名、また本店には営農指導員3名も張り付くが、両者とも統括や研修が主で、その他は全て旧ＪＡ時代のＴＡＣや営農指導員がそのまま地区本部に配置されている。

農産物販売の分荷権は、メロンとブドウについては本店の園芸課がもつが、その他は地区本部がもつ。また2016年産米から全量買取制を開始したが、これは本店米穀課が行う。米については1・90㎜ふるい目使用に統一し品質アップを図っている。今のところ60kg当たりプラス500～1000円で販売できているが、農家の反応もいろいろであり、リスクにはなお不透明感があるようである。全県一本化は米がもっとも進み、次いで果実野菜で、畜産は地域色が強い。

いずも地区本部の事例

いずも地区本部を例にとると、その販売額は82億円、農産（コメなど）19％、果樹野菜などの特産46％、生乳・肉牛などの畜産35％の構成である。水稲については集落営農組織等への集積が加速しており、ブドウは単品で18％を占め、ブロッコリー、青ネギ、アスパラ、菌床しいたけ、直販野菜も盛んである。

機構的には、営農部の下に6課1室が置かれ、総合指導課に営農指導員とTACが各5名、畜産課に営農指導員5名が張り付く。また2008年につくられた5ブロックごとの営農センターが集荷所・選果場・ライスセンター等を管理しているが、そこに各3～7名計20名の、幅広く相談に乗る営農相談員を配置している。営農指導員が地区本部に張り付くか営農センターに張り付くかは地区本部によりけりで、機構までは一緒にならないという。

分荷権は販売開発課が担当する。箱には「出雲」の産地名と生産者名が入る。

JA主導型農業法人推進室には農家経営指導員1名が置かれ、関連して耕作放棄地対策から始まった子会社・JAいずもアグリ開発が農産物の生産・出荷を行っている。2018年には1haの大型水耕栽培施設を建設し、リーフレタスの栽培を計画している（1・4億円販売計画）。事業費7億円の半額は国庫助成、3000万円をJAしまねが負担する（日本農業新聞、2018年6月12日）。

また出雲市農業支援センターに営農企画課から2名、市から6名が出向し、集落営農の立上げや新規就農対策、農地集積を担っている。市の農業再生協議会の下の水田農業振興部会ではJAが米生産調整の原案作りを担当している。このように行政対応も地区本部の責任になる。

地区本部間の連携

このように地区本部の力が強いと統合はどんな意味をもつのだろうか。

まず合併効果として、初年度に、どの地区本部からも応募できる農業振興支援事業4億円、しまね農業生き生きプラン1・5億円を用意した。前者では、園芸推進5品目（加工用キャベツ・たまねぎ、ミニトマト、白ネギ、アスパラガス）の支援拡大、しまね和牛増頭支援（繁殖牛導入を一頭25万円上限、改築費用200万円上限で支援、ET移植費用も1万円補助）、島根デラウェア（ぶどう）改植をメニュー化し、新規就農者の支援、担い手農家の複合化、機械の更新、園芸リースハウス、畜産モデル事業の実施等を行った。後者では組合員も交えた各地区本部からの提案制度とした（例えばやすぎ地区本部で産直のための加工施設建設）。

全県的な取組としては、雲南畜産総合センター（キャトルセンター、飯南町）を2015年に稼働、県央地区センター（大田市）を17年に稼働し、それぞれリスクをJAしまね7、地区本部3で負担することにしている。さらに隠岐の2地区本部を対象に設置を計画している。キャトルセンターは繁殖牛を分娩1カ月前まで預かり、子牛は離乳後に市場出荷まで預かる。乳牛への受精卵移植（ET）も推進する（日本農業新聞、2018年5月14日）。

地区本部間連携としては、ⓐいずも地区本部と斐川JA地区本部……飼料用米とつや姫の乾燥調製施設の相互利用、「出雲だんだん青ネギ」の統一ブランドでの共同出荷体制と販売代金共計、ⓑ「あんぽ柿」の製造ラインをいずも地区本部管内といわみ中央地区本部管内に設置し、東西それぞれの地区本部が共同利用し、県統一規格で販売、ⓒ石見銀山地区本部と島根おおち地区本部……国県事業を活用し母牛・子牛の預かり牛舎を整備して共同利用（これが先の県央センターにつながった）、ⓓ飼料用米倉庫の共同利用などがあげられる。

このような共同利用施設の地区本部を越えた広域的利用や地域間連携は、独立したJA間のそれとしてもできないわけではないだろうが、1県1JA化によって現実的になったといえる。

4　成果と課題

3年間の実績

表2－6に、合併以来の3年間の事業実績等を示しておいた。各事業額は微減ないしは横ばいで、まだ上向くにはいかない。経常利益の構成は、2015年度は極端な信用事業依存だったが、信用事業が落ち、共済事業と並ぶようになっている。正組合員一人当たりの営農指導事業赤字は2・8万円から2・3万円に落ちている。組合員一人当たりの貯金額、販売額、労働生産性も3年間を通じてほぼ変わらない。

注目されるのは准組合員数が減っていることである。そこに中山間過疎地域を多くかかえるJAしまねの特徴が現れているのかもしれない。組合員数の減少は、貯金総額も微減させ、出資口数減をまねい

表 2-6　JA しまねの事業

単位：人、億円、%

		2015	2016	2017
組合員数	総数	233,258	232,661	231,666
	正組合員	66,791	65,264	65,495
	准組合員	166,467	167,397	166,171
貯金		9,782	9,940	9,847
貸付金		3,079	3,081	2,997
長期共済保有高		37,795	36,594	35,415
購買額		350	341	340
販売額		365	383	381
事業総利益		290	283	284
経常利益		19	20	22
構成（%）	信用事業	200.8	168.9	134.1
	共済事業	143.2	137.0	138.3
	農業事業	△92.6	△67.3	△65.8
	生活事業	△58.0	△47.8	△37.8
	営農指導事業	△93.4	△90.8	△68.7
自己資本比率		16.9	15.2	14.9
職員	総数	3,702	3,644	3,609
	正職員	2,081	2,139	2,098
	臨時職員	1,621	1,505	1,511
営農指導赤字/正組（円）		26,272	28,008	22,983
貯金/組合員（万円）		419	427	425
販売額/正組員（万円）		55	58	58
労働生産性（万円）		783	776	787

注：総代会資料による。

て自己資本比率を傾向的に微減させている。

ＪＡしまねの准組合員比率は72％と高いが、固有の准組合員対策はみあたらない。地区本部に任されているのかもしれないが、２０１８年度事業計画では出雲地区本部が「准組合員・次世代対策として、事業運営への参加と意思反映方法の検討」を掲げるのみである。平野部と中山間地域のそれぞれの准組合員対策が欠かせない。

地区本部・業績還元をどうするか

旧ＪＡの地区本部化とそこへの業績還元が島根県における合併の鍵であり、ＪＡしまねの特徴である。ＪＡしまねの総代会資料は２８０～３１０頁と分厚い。事業報告でも事業計画でも県域共通とともに地区本部のそれが記載されるからである。それほど地区本部は重要視されてきた。

合併が統合をめざす以上、旧JAのまとまりや地域性を制度化しようとする島根県の試みには批判的な見方もある。先に紹介した香川県でも沖縄県でも、組織代表をトップに据えるような自立性の高い地区本部制は早い時期に解消された。また今後の公認会計士監査で、このように自立性の高い事業上の地区本部がどのように扱われるのか、地区本部別監査ということで徒に費用を嵩ませることにならないか、懸念も残る。

しかし、地域性が豊かで地域差が大きい島根県、そして前述のようにいずれのJAも債務超過等には陥っておらず、差し迫った危機には直面していない島根県にあって、危機を先取し、「足元の明るいうち合併」の合意を得るには、地域性の尊重は欠かせない要件であり、また地域が一定の自立性をもつことは大切なことである。今後の一般的な（破綻救済や1日経済圏的でない）広域合併を考えるうえで、JAしまねは貴重な経験を示していると言える。

さらに「協同と競争」をどう仕組むかは今日の協同組合が避けることのできない課題である。ただしそれを「業績還元」を通じて行うことが適当かは論点になりうる。行う以上は少なくとも、一定の事業を行うに足る最低額、組合員に「見える化」できる程度の最低額の保障が必要ではないか。

業績還元は地区本部制の象徴でもあるが、合併4年目以降は見直すこととしている。その見直し時期がちょうど来ている。前述のように既に「運営体制改革」が提起されているが、それは当然に地区本部制や業績還元のあり方にも及ぶことにならざるをえないだろう。

今のところ合併の最大の成果は、共同施設の広域利用や地区本部間提携、それらを踏まえたブランド統一等である。その進展は実質的な産地規模を拡大し、ＪＡしまねとしての統合度を高めていくことになろう。

注

（1）ヒアリングの他、木内秀一（ＪＡ香川県常務）「県単一ＪＡの到達点と課題」農業開発研修センター『平成30年度農協問題総合研究会資料』２０１８年7月を参照した。
（2）詳しくは板橋衛「香川県農協における組織・事業・経営構造改革の取り組みと営農・経済事業の展開」『農業・農協問題研究』第67号（２０１８年11月予定）。
（3）高田理「動き出した県単一農協〜奈良県農協〜」『農業と経済』１９９９年11月号。
（4）高田理「広域合併農協づくりの基本課題と県単一農協」（前掲）２２４頁。
（5）地区統括部は現在の機構図では本店の部であり、統括支店機能を本店の部に吸収したということだろうか。
（6）日本農業新聞、２０１８年2月20日号「トップインタビュー」による。
（7）ヒアリングの他、ＪＡおきなわ『ＪＡおきなわ10年のあゆみ〜組合員とともに〜』２０１２年、普天間朝重『単一合併秘話』２０１２年（内部資料）を大いに参照した。
（8）ＪＡおきなわ『ＪＡおきなわ10年のあゆみ』（前掲）の座談会における初代委員長の言（32頁）。なお同書はＪＡおきなわの合併をめぐる非常に貴重な資料で、「沖縄県ＪＡ信用事業再構築計画の概要」（２００２年7月）も載せられている。

第3章　数JA合併

第1節　JAいわて花巻

前章の1県1JAの事例は全て西日本だった。それに対して東日本では1県1JAの事例や構想は福井県を除き見られない。他方で東日本でも地域的な合併や県内数農協への合併は進んでいる。そこで本章では、東日本の合併事例を取り上げることにした。なぜ東日本では1県1JA化しないのか（1県1JAは西日本に限られるのか）、1県1JAと大型合併とは、県連組織との関係を一応おいたとしても、本質的な違いがあるか、同じ面ももつのか、といった論点が直ちに浮かび上がるが、まずは実態把握である。

1　10年おきに三度の合併

JAいわて花巻の誕生

岩手県の現在のJA数は7つ。東日本では唯一の一桁台だ。1961年に農協合併助成法が制定された当時は236組合だった。助成法下でまず行政単位への合併が目標とされ、現JAいわて花巻管内では1988年に石鳥谷町内の4農協が合併、次いで89（平成元）年に花巻市内の7農協が合併した。当時は県内63農協で、ほぼ行政単位合併を実現した。

第二段階として、89～90年に県中央会理事会等で12農協への「自主合併」構想が決議され（主に郡市規模）、92年までにとりあえず50農協程度がめざされた。それを受けて１９９８年に花巻市農協が石鳥谷町、大迫町、岩手東和町農協と合併し、「ＪＡいわて花巻」が誕生した。はじめての行政を越えた合併経験だった。この時の合併は、財務調整（資金持ち込みではなく出資口数調整）したうえで、対等合併とした。

なお、１９９４年にはＪＡ遠野市、宮守村、大槌ＪＡ、釜石市、釜石北が合併してＪＡ遠野地方、１９９８年にはＪＡ北上市とＪＡ和賀中央が合併してＪＡ北上市となっていた。西和賀農協は１９７５年に成立している。

新ＪＡいわて花巻への合併

第三段階として、金融危機・ＪＡバンク化・「農協改革の断行」の下で、２００６年にＪＡ岩手グループ組織整備審議会が「ＪＡの経営基盤強化方策」で09年までに6ＪＡ体制の実現の方針を打ち出した（図３－１）。県大会は「課題を先送りしない抜本的な解決を図ること」を決議した。その「課題」とは不良債権や不稼働資産の「抜本的処理」だった。

県下一斉に不良債権等の徹底洗い出しが行われた結果、その処理は県域のみでは不可能なことが判明し、全国支援（資本注入と資金贈与）を仰ぐことになった。要処理額のうち半分は県信連が負い、半分は全国支援を仰ぐことになり、資本注入23・3億円、資金贈与１１５・２億円になった。そして、その

図3-1　岩手県6JA構想（2006年）

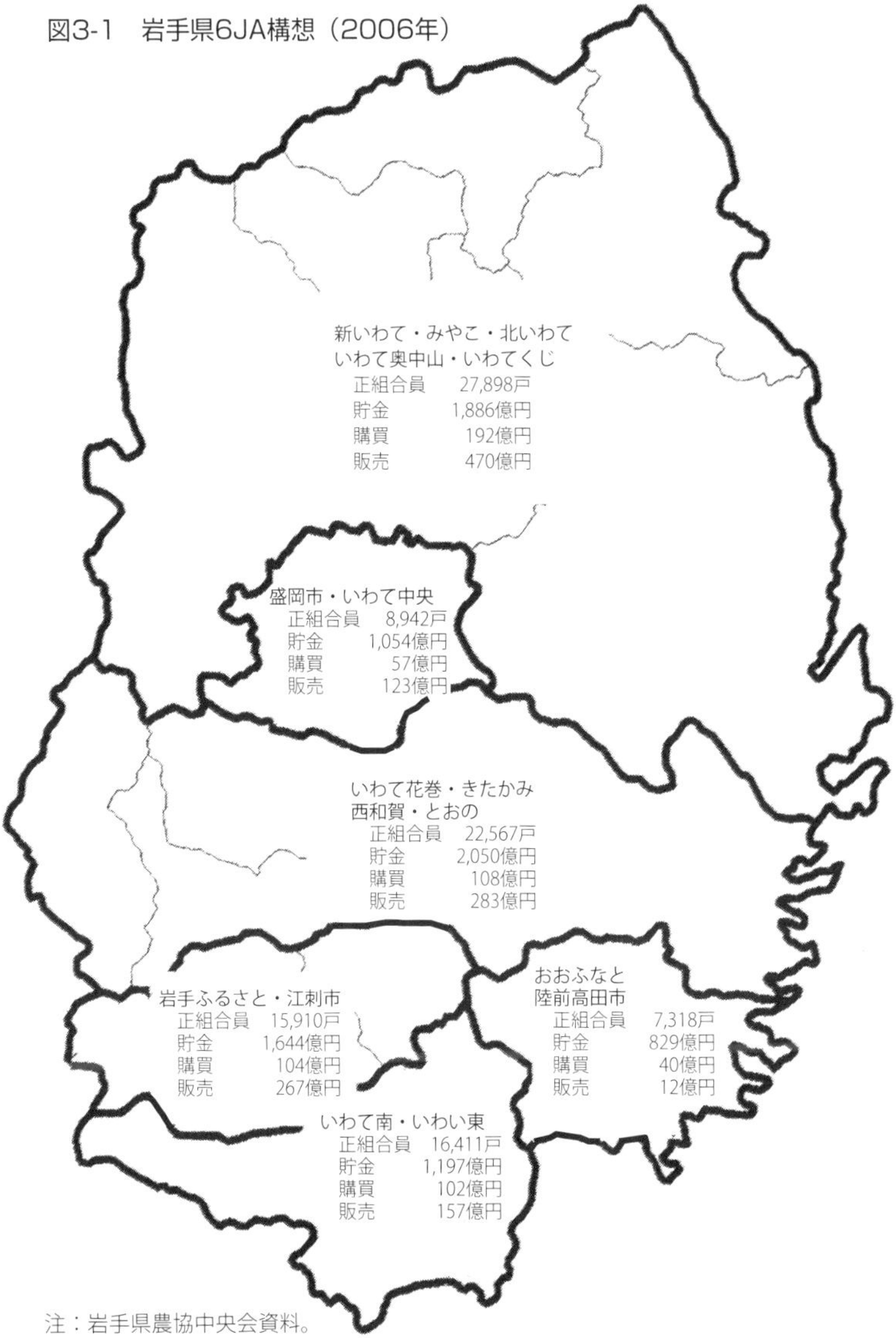

注：岩手県農協中央会資料。

条件として合併の完遂が付された。

県中央会から、岩手中部地区ではＪＡいわて花巻、きたかみ、西和賀、とおのの４ＪＡ合併構想が提起され、組合長間協議となった。ＪＡとおのは、赤字が大きく、地価の下落で土地の担保価値が落ちたりして、その解消の見通しが立たず、ＪＡ西和賀は中山間地域で経営条件が厳しく、いち早く花巻との合併に賛成した。ＪＡきたかみは、工業団地をかかえて若い層も多く、ＪＡいわて花巻のライバル的な存在で合併への抵抗もあったが、赤字に陥っていた。県中央会会長の出身ＪＡでもあった。

合併契約書は「ＪＡの将来を展望した結果、信用・共済事業で総体の運営を維持し、組合員と直接かかわる営農・生活指導及び利用事業を支えてきた構図が崩れ、ＪＡ改革を断行しなければ健全な経営の持続が困難」と述べている。第４章で述べる高度成長期型ビジネスモデルの崩壊を強く意識したものだった。

合併反対の声も強かったが、当時のＪＡいわて花巻の藤原徹組合長が各農協を熱心に説いて回ったとされる。地域トップのＪＡの組織代表が合併を説いたことが合併成就のひとつの鍵だったといえよう。こうして２００８年5月、４市2町にまたがり、太平洋から奥羽山脈までを横串する組合員４・３万（正組２・５万）人のＪＡいわて花巻が誕生した。

なお、県内6ＪＡ構想は、ＪＡ岩手ふるさととＪＡ江刺市の合併が不調に終わり、現在は7ＪＡとなっている。

２０１８年の県農協大会には合併構想は出ないとされているが、今後の3年間で状況は激変するだろうとＪＡではみている。

合併に伴う諸措置

合併はＪＡいわて花巻による吸収合併のかたちをとった。本店はＪＡいわて花巻の本店、支店は29（前の前の合併前の農協本店）。総代は１０００人、女性10％以上を目標。理事は34名、監事11名。賦課金は正組合員１戸当たり２０００円、10ａ当たり３００円、家畜割り１００～２５０円。出資金処理は、ＪＡきたかみとＪＡ西和賀については合併前と同額、ＪＡとおのについては４割に減額。職員は全員引き継ぎ、勤続年数を通算する（『合併契約書』による）。

園芸手数料は花巻２・５％、その他３・０％だったが、３・０％に合わせた。米の手数料は３・５％で県内では高い方である。農薬はＪＡいわて花巻10・５％だったが12・５％へ、前述の賦課金はＪＡ間の中間をとったとしている。

合併時には出資配当できる状況ではなかった。合併３年後に、出資配当は禁じられていたが、回転出資金として配当した。現在は出資配当１％を行っており、総額で１億円である（剰余金の14・４％）。

２　ガバナンス

理事会制の選択

合併時に行政から経営管理委員会制度の導入を強く勧められた。各地の実例を視察するなど真剣に検討したが、結論的には「時期尚早」と見送った。役員の多くは農協職員兼業農家であり、農協のことも農業のことも分かる。そこで敢えて経営担当（学経理事）と経営監視（組織代表としての経営管理委員会）を組織的に分けなくてもいいのではないかというのが理由の一つだった。

地区常務理事制とその廃止

合併契約書では「迅速な意思決定のもとに、着実な事業執行をとり進めるために、本店に『事業統括常務理事』、3統括支店（北上・西和賀・遠野）に地域を統括する『組織・事業担当常務理事』を置く」こととした。旧JAいわて花巻エリアは本店直轄、他の旧3JAごとに常務理事が置かれたわけである。その統括支店の一つで合併直後に共済事業をめぐる不祥事が発生したが、本店への連絡が十日ほど遅れた。地区常務理事が事実上の組合長化していて、情報がそこでストップしてしまったのである。その点が県監査でも改善点として強く指摘され、JAとしては地区担当の常務理事制の廃止を速断し、代わりに3つの地区統括部を設け、部長には職員を充てることとした。不祥事のなかでのこの英断もJAいわて花巻の特徴である。

事業の仕組み

地区統括部には管理課と地域営農センターが置かれ、管理課で農家組合、地域行事、青年部、女性部等の組合員組織のとりまとめに当たり、また行政対応の窓口になる。

事業は〈本店—支店〉の直結で行う。支店は1000万円以下の貸付権限をもつ。営農センターは組織図的には地区統括部の下に置かれているが、実質的には本店営農部に直結する。

統括部については廃止の意見もあるが、組合員にとって「地域の拠りどころ」が必要だということで、当面続けることとしている。ただし統括部長には他地区出身者が就くなどして「地域エゴ」は払しょくされた。

女性支店長が、花巻地区では11支店のうち6店、北上地区では8支店のうち2店、西和賀地区2支店、遠野6支店ではゼロ、合計で5割を占める。それは偶然だとしているが女性が活躍するJAでもある。総代会資料には次年度の「支店行動計画」が載せられる。

3　営農指導体制と地域ぐるみ農業

営農指導体制

JAいわて花巻の2017年度の販売額は234億円、第三次営農振興計画（2016～18年度）では、10年後に販売額300億円をめざす。販売額の構成は米穀54％、畜産32％、園芸14％で、組合員アンケートでは「最も販売額の多い作物が米」という農家が8割を占めている。

営農指導員は126名（プラス生活指導員8名）で、本店営農部（花巻地区も兼ねる）と3つの地域営農センターに所属し、そこで作目別に分かれる。

担い手支援アドバイザー（TAC）として2011年より農協OBなど20名弱を嘱託雇用し、地区ごとに広域配置し、集落営農ビジョンに位置づけられた愛農土塾（集落型経営体研究会）のメンバー150名や認定農業者等の2100戸を月1～2回訪問している。また重点作物ごとに担い手農家に「農の匠」を委嘱し（2017年度29名）、一体となって指導している。

分荷権は園芸・畜産については、合併前からの市場とのつながりがあるため、地区営農センターの園芸販売課（園芸センター）、畜産販売課がもつ。花卉は本店に集約している。米は9割が系統出荷なので全農県本部になる。商系と対抗するため、3年契約での米の買取販売5000tを、集荷コストが少なくてすむ15ha以上の農業者を対象に、２０１８年度から開始した。ＪＡいわて花巻の米は全農県本部の集荷の35％を担っている。「系統に丸投げ」とも言われるが、ＪＡとしては「県産米を丸抱えする」意気込みである。

作目部会組織も４つの旧農協（営農センター）ごとに組織され、新農協レベルにはその協議会がある。園芸果樹作についてはアスパラ、ピーマン、キュウリ、ネギ、賢治リンゴ等を中心に1億円販売園芸団地の形成をめざし、園芸１０００万円販売組織の増加と各組織販売額のランクアップに取り組んでいる。直売所は「母ちゃんハウスだぁすこ」をはじめ4店展開し、２０１６年度の事業実績は９・２億円、来客数49万人、出荷会員は３３０名（花巻）で、ピークの２０１４年の３７０名から高齢化で減少している。産直部会は北上３５４名、遠野（沿岸産直部会１０５名）にもある。

農協改革で資材価格の引下げが言われているが、価格織り込みとしてではなく、眼に見える形で期中還元を行うべきとして、大口購入に対して農薬３〜７％、肥料２〜５％、ＣＥ利用量の割引など5億円ほど行っている。

農家組合の再編

ＪＡは一貫して「地域ぐるみ農業」を追求してきた。高齢化や離農が進むなかで農業・農地を維持していくには、一方で担い手に農地集積しつつ、他方では集落営農や高齢者が取り組める「人手のかかる作目」（花卉園芸作など）の導入で少しでも多くの者を農業にとどめようとするものである。

そのため、ＪＡは二つのことを目指してきた。一つは営農やＪＡ運動の基礎を農家組合に置く、もう一つは自治体との連携である。

前者から見ていくと、それにふさわしい農家組合の再編をはかってきた。花巻地域では、1989年の合併時に農家組合を200組合から154組合に再編した。2008年のJAいわて花巻への合併と前後して遠野地域は200→100組合に、北上地域と西和賀地域は2012年までにそれぞれ263→82組合、60→32組合に再編した。JA合併と農家組合再編の合わせ技がJAいわて花巻の特徴である。

古い歴史のある農業集落（むら）は簡単に再編できるものではないが、あくまで営農やJA運動の土台としての農家組合を再編しようとするものである。具体的には、農地集積や集落営農化のためには、従来の10～30戸程度の農家組合では狭すぎるとして、70～100戸に再編しようとする。単純に言えば「2つを1つにする」、あるいは「むら」（農業集落）単位から「大字」（藩政村）単位への再編である。

農家組合の支援

正組合員1戸当たり（2016年度からは農家組合活動に協力する准組合員を含む）4500円の助成を総額9000万円計上している（計算上は対象2万戸になる。正組合員戸数は1・9万）。農家組合は営農部と生活部からなり、営農部は集落営農ビジョンの策定、農地・水・環境対策、土地利用調整、生産資材の取りまとめ、生活部はJA農業まつり（4地域単位）、ふれあいプラン（支店まつり）、さなぶり等のイベント、健康管理等に取り組む。また全職員に「1人1農家組合」を担当させている。

東日本大震災に際しては農家組合長を通じて農家に白米一升の救援米を依頼し、46ｔを集めている。農家組合を通じる生産資材のとりまとめは、肥料93％、農薬88％に及ぶ。また米の集荷対策費としてkg

2円が農家組合に支払われる（目標達成の場合にはさらにkg3円）。JAは「米集荷200万袋運動」を展開しているが、17年は天候不順もあり164万袋にとどまった。

JAは、カントリーエレベーター（CE）を自主運営する利用組合法人4つの設立を支援した。JAが出資・運営すると農家が農協依存になってしまうので、敷地は農協が借地確保し、事業費は「強い農業づくり交付金」で5割、自治体とJAが各1割、残り3割を地元の利用組合法人で負担し、独立採算で自主運営している。自分たちで運営するため利用率が高まり、80～100％に達している。農家組合や集落営農がCE利用組合法人の受け皿になる。

4 行政とのワンフロア化による農政対応

ワンフロア化

21世紀の農政は農地集積や生産調整で地域任せの傾向にある。それに対応するため、花巻市では、07～08年に市農政課（次いで市農林水産部全体）、JA営農振興課、農業改革推進室がJA敷地内に移り、ワンフロア化を実現し、08年に農業委員会も加わった。2014年に花巻農業振興公社（市やJAの出資による農地利用集積円滑化団体）も合流し、農地中間管理事業への取組となった。ワンフロア化は今のところ花巻市のみだが、3つの地区統括部も行政との連携を図っている。

集落営農ビジョン＝人・農地プラン

花巻市では、JAは担い手への農地利用集積計画や集落営農のビジョンを支店ごとに説明し、農家組合単位に１５５の集落営農ビジョンを策定し、市はそれをJA支店単位に取りまとめ、市全域をカバーする16の人・農地プランを策定した。

集落営農の組織化

JA管内全体で２０１６年には集落営農法人99、任意組織67（うち意向５）になる。法人化は次に述べる農地中間管理事業との関係で急速に進んだ（設立された法人に利用権設定することで地域集積協力金を取得）。

花巻地区の法人は転作受託組合を前身とし農家組合を基盤とする組織で、かなりの利用権を設定をしているが、機械を有する構成員は自分で耕作し、管理作業は出来る限りは地権者戻ししている(1)。

北上市では、JA二子支店をエリアとし、その12農家組合のうち３つが主となった（うち１つは再編された農家組合）二子中央営農組合（２００９年法人化、１００ha経営、うち利用権80ha）など「農協の世話になっている」としている。里いもの特産地としてGI（地理的表示）の申請中で、その連作障害を防ぐためにも法人が利用権設定を受けた農地を再配分する必要がある。

農地中間管理事業の取組

JA管内では、前述のように同事業により担い手への集積や集落営農の法人化を図るなどして、２０１５年度には集積協力金４０５３ha、12・３億円、16年度には１０５２ha、２億円を取得している。17年度は協力金が激減し直接のメリットはなくなったが、圃場整備の地元負担をゼロにするための「促進費」を受けるには地域の集団化率80％等を条件づけられるので、取組は継続されている。担い手集積率は２０１６年で56％である。

水田フル活用

２０１１年に行政単位ごとに関係協議会が農業再生協議会に統合され、ＪＡ組合長が会長を務め、ＪＡが事務局を担うようになっている。２０１８年には米直接支払交付金がなくなり９・５億円減になり、それをカバーするには１俵１０００円高く売る必要がある。

そのため、ＪＡ管内全体で、２０１７年産は米生産調整の深掘り（超過転作）を８１４ha行ったが、18年産はそれをやめ、備蓄米、飼料用米を減らし加工用米を増やす計画である。具体的には大手酒造メーカーとの契約栽培５０００ｔに取り組む。

飼料用米では、２００８年に生協事業連合コープネットの「お米育ち豚」プロジェクトに参加し、２００８年の22haを２０１８年には６８４haに伸ばしている。農家の声として「田んぼでは、麦を作ったり、休ませたりするよりも、お米をつくっていきたいというのが私たちの願い」という声が寄せられている。

５　成果と課題

合併の特徴

現在のＪＡいわて花巻は、１９８９年の市内合併（行政との一致）、１９９８年の周辺農協との合併、

表 3-1　JAいわて花巻の事業推移　単位：人、百万円、%

	2007	2008	2017	2017/2008
組合員（人）	19,160	43,344	41,209	95.1
正組合員	13,057	25,355	22,147	87.4
准組合員	6,103	17,989	19,062	106.0
正組割合（%）	68.2	58.5	53.7	
貯金	1,044	2,082	2,611	125.4
貸付金	338	665	598	90.0
長期共済残額	6,513	13,153	9,392	71.4
購買	40	83	66	80.2
販売	120	278	234	84.3
米	70	177	128	72.1
園芸	24	38	32	83.8
畜産	26	41	74	182.5
職員（人）	400	917	662	72.2
正職員	330	715	563	78.7
臨時	70	202	99	49.0
事業総利益（百万円）	64	71	58	119.9
経常利益（同）	3.3	9.5	7.4	77.6
構成（%）信用事業	67.3	27.1	56.1	
構成（%）共済事業	122.2	58.0	83.3	
構成（%）農業関係	111.9	97.8	84.3	
構成（%）生活事業	△54.5	△7.9	△27.8	
構成（%）営農指導	△146.8	△74.9	△91.4	
労働生産性（万円）	1,596	769	883	114.8
正組合員１人当たり営農指導費赤字（円）	34,058	30,412	30,406	100.0

注：1）労働生産性＝事業総利益 /職員数（万円）
　　2）事業総利益と経常利益の 2008 年は 2009 年の数字。
　　3）各年総代会資料による。

そして２００８年の遠野、北上、西和賀との合併と、10年ごとに典型的な合併コースを歩んできた。３度目の合併が飛躍であり、しかも大きな農協の吸収合併というめずらしい合併だった。

旧ＪＡいわて花巻としては、内発的というより県域合意や累積赤字の救済という面が強かったともいえる。ただし累積赤字をかかえた農協の救済という意味では待ったなしだった。表３―１の２００７年の旧ＪＡいわて花巻から２００８年への変化に見るように、合併により農協規模はほぼ倍化した。ただし労働生産性は画段階的に下がった。

大きな農協の吸収合併なので旧

農協の扱いは慎重を要し、当初は吸収した旧農協ごとに統括支店を置き、地区常務理事をトップに配するという重い措置をとった。そこで起こった不祥事によりそれを廃して、地区のトップを職員に変え、本店直結性を強めた。今日では地区トップに他地区出身職員がつくなど人事交流も進んでいる。この点にJAいわて花巻の合併をめぐる最大の特徴があるといえる。

合併のもう一つの特徴は、農協合併と農家組合再編を並行させた点であり、農家組合を厚く支援しつつ、農家組合を基盤とした農業振興を図ってきた点である。合併というととかく上層の農協間関係になりがちだが、その底辺には変わらない農家組合があり、これがゆらいだら合併農協は地域から遊離する。その点で、農家組合を「むら」から「大字（藩政村）」単位に再編しつつ「地域ぐるみ農業」を追求した点は特筆される。同時に、農協が確保した広大な敷地のうえに行政とのワンストップ化を果たし、国の農政展開に即応していった。この花巻方式が他の3地区にどれだけ浸透していくかが一つの課題だろう。

成果と課題

表3―1で特筆されるのは、部門別損益（経常利益）で農業関連部門が一貫して黒字であり、かつ合併後は営農指導事業の赤字を補てんできている点である。２０１７年は若干下回るが、射程内にはある。その限りで職能組合として自立しうる可能性をもっている。営農指導事業の赤字を正組合員数で除すると一人当たり3万円程度となり、全国平均の２・５万円をうわまわる。

しかし、農産物販売額は合併当時から43億円もおちて84％になっている。そのほとんどは米販売額の減少によるものである。米販売額の割合は64％から54％に10ポイント下げているが、依然として半分超を占め、岩手県の米蔵である。畜産がかなり伸びているが、それとともに園芸振興が欠かせない。その点では中山間地域を取り込んだ合併は米依存からの脱却の可能性を高めたと言える。

また営農指導のみならず、生活事業の赤字補てんまで含めれば、信用共済事業への依存は明らかであり、ますます地域における重要性を高めている生活事業を切り捨てるのでない限り、信用共済事業の伸びが欠かせない。その点で、貯金額は25％伸びたが、貸付額は減り、貯貸率を合併前から下げている。産地農協の常態として経常利益の共済依存度が本農協でも高く、信用事業を上回る。しかし長期共済保有額は70％水準にと大幅に減っており、共済依存には陰りがある。

正組合員は12％減ったが、准組合員の伸びは6％にとどまり、結果的に総組合員数を減らしている。そのことが貸付減や共済保有高の減少、自己資本比率の低下（2016年14・12％から18年13・75％へ）の一部につながっている可能性があるとすれば、准組合員数とその事業利用の意識的拡大を図る必要がある。産地農協としてのＪＡいわて花巻の弱点は准組合員対策が意識的に強く追及されていない点である。

農協は広報紙『ポラーノ花巻』を発行しており、准組合員向けになる記事も多いが、配布は支店任せである。直売所「かあちゃんハウスだぁすこ」の50万人弱の来客には准組合員も多かろう。先に生産資材については期中還元に力をいれているとしたが、直売所向けのポイント等も検討されてよい。いろいろと種はまかれているので、後はそれをどう意識的に育てるかである。

第2節　福島県における合併——大震災を契機に

はじめに

福島県については、県中央会と3ＪＡについてヒアリングした。周知のように福島県は、浜通り、中通り、会津と地域が明確に分かれている。このうち東日本大震災は浜通りを直撃し、中通りの農協との合併になった。それに対して会津は、会津地域内での合併になった。そこで本節は、1で県全体の合併状況、2で中通り・浜通りのＪＡふくしま未来とＪＡ福島さくら、3でＪＡ会津よつばを取り上げ、4でまとめることにする。

1　福島県における合併構想

福島県のＪＡは2016年に表3－2の4ＪＡに合併した。1991年に17農協構想が打ち出されたが、それではかなりのＪＡが数年内に赤字化するということで、2009年の県大会で次期構想の検討が決議された。そこで1～6ＪＡ構想が検討されていた最中に2011年3月の東日本大震災・原発事故が起こり、被害の大きかったＪＡそうまが99億円、ＪＡふたばが96・6億円の全国支援（資本注入）を受けることになり、その条件として組織整備（合併）が義務付けられた。

再開された組織整備検討委員会では、1県1ＪＡ案もあったが、県域が広い福島県では時期尚早ということになり、2012年の県大会で4ＪＡ構想が決定され、関係機関が立ち上げられた。合併の素案は中央会内の組織整備推進室、組織整備推進本部から提起されたが、実際の合併の組み合わせを決めた

表 3-2　福島県の農協合併

農協名	ふくしま未来	福島さくら	夢みなみ	会津よつば
参加 JA	新ふくしま・伊達みらい・みちのく安達・そうま	いわき市・郡山市・たむら・いわき中部・ふたば	すかがわ岩瀬・あぶくま石川・しらかわ	会津いいで・会津みなみ・あいづ・会津みどり
組合員数（人）	94,760	73,832	31,037	46,763
准組割合（%）	50.4	47.0	38.8	38.0
販売額（億円）	278	152	111	256
トップ部門（割合）	園芸 59%	米 42%	園芸 58%	米 65%
地区本部制（トップ）	4（常務理事）	4（理事）	地域支援センター（職員）	4（職員）
理事（うち女性）	55（9）	61（4、青年 2）	31（3）	46（4）

注：2017 年度の総代会資料による。参加 JA の筆頭は存続組合、他は参加組合。

のは地区ＪＡ合併推進協議会における組合長間の協議である。

合併は、中通りのＪＡが浜通りのＪＡと対等合併し、会津は一つになることになった。県北では自力でやれるＪＡもあったが、過去の経験から乗り遅れを懸念して合流した。県中南部ではいくつかの組み合わせがあり得たが、磐越自動車道に沿っていわき市―田村市―郡山市を結ぶかたちでＪＡ福島さくらが「湖（うみ）から洋（うみ）へ」を合言葉に99・６％の賛成を得て誕生した。ＪＡ郡山市としては中通り沿いの合併を望んでいたが、原発被害のＪＡふたばを隣接のＪＡいわき中部だけでは支えきれないという問題があり、また郡山と須賀川が合併すれば、大きくて他とのバランスがとれなくなるという問題もあった。

ＪＡ夢みなみの合併に際しては、ＪＡ東西しらかわ（組合員1万、販売額40億円、貯金５６２億円）が、地元紙によると事業計画や役員定年制をめぐり異論有りという理由で参加しなかったが、地区ＪＡ合併協議会は存続させている。

大震災で資本注入を受けた２つのＪＡとも、生活と農業は大打撃を受けたが、賠償金や共済支払等で貯金額は県内トップとなり、当期剰余金は（営業損害賠償金等の受け取りもあり）他ＪＡより一桁多く、支援金も合併前に返済し終わっている。ならば合併不要だったのかと言えば、「あの時は農業も休んでおり資本注入を受けなければやれないと思った」（ＪＡふくしま未来）。県内ＪＡは被災２ＪＡの営農再開のため２・５億円の積立をしたが、それはそのままになっている。

以上から、大震災は、既に方向の決っていた合併の背中を押し、その時期を速めたと位置づけられる。しかし大震災がなければ、浜通り、会津が各一つ、中通り三つになったかも知れないとも言われる。

中央会は、賦課金はそのままとして、部長クラス１名と職員１名を、農林中金福島支店も１名を新ＪＡに駐在させている。

いずれの新ＪＡも、歴史と文化の違う大きなＪＡが合併しての組織作りにあたっては最大公約数を探すのに苦労した模様である。

２　ＪＡふくしま未来とＪＡ福島さくら——大震災に背中を押されて

財務調整・支店・人事

合併時の財務調整として、**ＪＡふくしま未来**では、旧ＪＡ伊達みらいとＪＡみちのく安達には出資金追加割り当てを行い、また地区農業振興積立金を区分して持ち込んだ。**ＪＡ福島さくら**ではＪＡたむらとＪＡいわき中部が特定財源を区分して持ち込んだ。**ＪＡ会津よつば**では旧会津いいでとＪＡ会津みどりが地区施設整備積立金を区分してもちこんだ。**ＪＡ夢みなみ**は財務調整はしていない。

支店は、既に統廃合していたＪＡもあり、合併による統廃合はしない方針で臨んだ。支店のあり方は、

ＪＡふくしま未来と**ＪＡ福島さくら**は概ね総合支店（母店）―支店、その他は支店一本である。

とくに**ＪＡふくしま未来**は支店を組合員の拠点に位置付け、購買品を支店に一緒に置く時代ではなくなったとして、サロンの中に信用・共済を扱う職員がいる形を取りたいとしている（支店再定義）。

原発被害に関連して、**ＪＡふくしま未来**では、飯館村の１出張所と南相馬市の小高地区の１支店は建物が残るだけで、対応は母店が行っている。**ＪＡ福島さくら**のふたば地区本部では、合併前からの措置として、５支店が、組合員の主たる避難先ごとに福島・安達・郡山・会津・いわきの各サポートセンタを設置し、職員各５～６名を配置し、貯金や組合員管理、一部の経済・共済事業をしている。いずれもなかなか人が戻らず営農再開できないのが悩みである。

どのＪＡでも支店（総合支店）ごとに各層の組合員代表からなる支店運営委員会が設けられ、その代表が地区本部運営委員会を構成している。

職員人事については、基本給はほぼ合併前と同じ年齢給と職能給である。職能給は全ＪＡとも８等級に統一して直近上位に再格付けした。給与が下がった人はいないはずだったという。２０２０年から役割等級制を導入予定である。初任給は管内ＪＡのトップに合わせた。退職金についても制度統一した。

地区本部制をとったところでは本店と地区本部の間の異動はあり、ＪＡふくしま未来でも２０１８年度に12件実施したが、今のところ地区本部間の異動はない。新規採用は本店一括とし、とくに被災地では人が集まらないので例えば福島市等で採用してそちらに回している。

地区本部制の採否

まず旧ＪＡをエリアとして、本店と支店の中間にくる組織をどう立ち上げるかが課題だった。先の組織整備検討委員会案は、地区本部制を例示として提起していた。そこでは本部長は、県1ＪＡの場合は使用人兼務理事、複数ＪＡになる場合は参事としている。また総合支店を設け、金融、共済、地域営農の三部門を置き、一般支店の支店長が総合支店の副支店長として各部門を担当することとしていた。

結果は、トップに常勤理事を置く地区本部制をとったＪＡふくしま未来・ＪＡ福島さくら、同じく地区本部制をとったがトップは職員のＪＡ会津よつば、職員をトップとする地区支援センターのＪＡ夢みなみの三つに分かれた。**表3－2**からすれば、結果的にはＪＡの規模による違いと言える。また総合支店構想は具体化しなかった。

ＪＡふくしま未来は、地区本部長（職員）の上に地区担当の常務理事を置いた。地区担当常務は組織代表とし、代表権はもたず、貸付等の決済権限ももたない。しかし分荷権は地区本部がもち、営農関係にも一定の権限をもつ。信用・共済事業は本店が支店を直轄する。地区本部の金融共済担当部長は本店からの駐在にしたい意向もあったが、現状では地区出身者が務め、進捗管理に当たっている。

このような形をとったのは、正組合員数がほぼ同数（旧ＪＡそうま1・5万、その他は約1万）のＪＡの対等合併に伴う当初の混乱を抑えるのが一つの理由である。

ＪＡ福島さくらは地区本部長理事を置き、組織代表が務め、常勤で代表権はもたない。その理由はＪＡふくしま未来と同じである。郡山市、いわき市ともに人口34万程度であり、また旧3ＪＡとも正組合員約1万人、貯金1０００億円で横に並んでいる。職員が代表では市長や商工会議所と互角に話せるかという問題もある。かくして組合員の意思反映や利便性の確保、地域特性を活かした事業展開をするには「地区本部制をとらざるを得ない」「地区本部にある程度任せないとやっていけない」ということになった。地区本部（長）は一定額以下の貸付権限、関係官庁への報告や臨時雇用者の雇用・解雇の権限をもつ。営農経済部門は地区本部長の権限だが、分荷権はもたない。

両JAともJAしまねのような何らかの収益還元措置はとっておらず、地区本部別の損益は人事考課等に反映される。

常務理事・理事をトップとする地区本部制は、大きなJA同士が合併したことに伴う措置といえ、現在はそのような地区本部制の見直しを検討している。

理事会制の選択

前述の組織整備検討委員会案は経営管理委員会制の採用案だった。委員には地区本部単位の地区代表、地域組織・生産組織・事業組織等の組織代表、青年・女性組織、弁護士・公認会計士等からなる。その下の理事会は地区代表と職員登用で構成する。地区代表が理事会と委員会の両方に入るなど、経営機能と経営監視機能を峻別する本来のあり方からすればやや折衷的な案だが、旧JAから一回りも二回りも大きくなった広域JAのガバナンスとして提起されたと言える。

県下では旧JA新ふくしま、JA郡山市、JAいわき市が経営管理委員会制度を採用していたが、JA新ふくしまとJA郡山市は理事会制度に戻している。旧JAいわき市だけが経営管理委員会を続けてきたが、合併に際しては「今さら元には戻れない」と言う旧JA郡山市の意向もあり、理事会制の継続となった。

理事会に戻した理由としては、経営管理委員会制度だと理事会の方が強くなってしまい、組合員の声がとどかない、組合員からすれば自分たちが選んだ組織代表としての経営管理委員長に決定権限がないのはおかしい、行政にも反発がある、理事と経営管理委員がお互いに無責任になりかねない、屋上屋を重ねることになるといった理由が挙げられる。

理事の絶対数はＪＡふくしま未来とＪＡ福島さくらが多いが、対組合員数ではＪＡ夢みなみやＪＡ会津よつばの方が多い。前二者で絶対数が多いのは前述の地区本部担当の常勤理事との関係でもある。

ＪＡふくしま未来では非常勤理事40名は旧４ＪＡごとに組合員数等に関わりなく各10名とし、外２名を女性とし、これがスムーズに合併できた一つの理由だとしている。女性の考えを経営に反映させたい意向が強く、またＪＡ福島さくらは唯一、青年枠２名を設けている。ＪＡ会津よつばは事業利用分量による定数配分である（後述）。

ＪＡふくしま未来の営農販売体制

営農指導や販売体制はどの新ＪＡをとっても旧ＪＡ単位に取り組まれており、合併による大きな変化はない（2）。従ってＪＡごとに体制も異なることになる。

ＪＡふくしま未来の地区本部ごとの販売額順位を見ると、福島地区は桃・梨・リンゴ、伊達地区は桃・あんぽ柿・きゅうり、安達地区は米・畜産・きゅうり、そうま地区は米・畜産・野菜苗といったように各地区により主力作目が異なり、営農指導も地区本部単位になる。作目別部会・女性部・青年部・年金の友の会等の組合員組織も地区本部単位であり、その連絡協議会をつくっているところである。

地区本部には営農経済担当部長がおかれ、その下に農業振興、指導販売、経済等の課がくる。支店67に対して営農センターは27あり、概ね総合支店単位に営農センターがおかれているとほぼいえる。前の合併前の農協単位である。

営農部門は要員を減らさないことが合併の条件だった。専任の営農指導員138名は各地区本部に所属する（そうま地区が復興対策もあり最多で45名、最小は安達地区の18名）。そのほか本店営農部に米穀、園芸、畜産、直販の課がおかれ、計28名（最多は園芸の16名）が兼任で配置されている。

担い手支援（TAC）担当者は支援目的（巡回訪問）や訪問先の選定基準は統一しているが、その配置場所・人数は福島本部は営農センター5名、伊達地区は営農センター7名・農業振興課1名・指導販売課1名、安達地区は農業振興課4名、そうま地区も農業振興課4名と微妙に異なる。TACの実態は経営指導まではいかず、御用聞き、情報のつなぎ、税務記帳代行である。

販売については、段ボール箱のデザインは統一しているが、前述のように分荷権は地区本部がもっている。これまでの市場とのつきあいがあり、また果実は必ずしもロットが大きければ良いというものでもないからである。最盛期の桃などは各営農センターごとの方が対応しやすい面もあるとしているので、分荷権は営農センターに降ろされているものもあるようである。果樹地帯としての特徴と言える。

共販体制も福島地区はプール計算しているが、伊達地区は5つの共選場ごとに共選経費を計算・徴収している。

米は4割を直接販売（直売所の米コーナー、米屋）しており、本店指示が強まっている。園芸直販も

5億円になる。直売所に力を入れ、全部で12カ所、30億円に達する。JAとしては部会（共販）も直売所（部会組織の一つ）も両方が大切と位置付けている。小さい農家が昔は捨てていたものを直売所に出荷して生きがいを感じているし、直売所で5000万円を売りあげる椎茸農家もいる。利用客は180万人で年々増えている。

自己改革の柱として「そらいろテン」あるいは「2・5・10運動」（販売力2％アップ、コスト5％削減で農業所得10％増）を掲げ、直販強化、オリジナル肥料作成、出荷段ボール統一等に取り組んでいる。

合併前から全水田・果樹園全筆放射能汚染調査に取り組むなどし、また風評被害の払拭に全力をあげてきた。

直接の被災地であるそうま地区は大震災前には100億円の販売額があったが、現在は30億円台に減っている。水稲は飼料米と半々だが、飼料米助成がなくなると主食用米にもどるとして、業者は業務用に使いたい意向もある。また農地を人に任せたい者が多く、大規模経営の出現もみられる。

なお同JAは、支店・事業所を拠点に高齢者、障がい者、子どもなどの日常生活を見守る「地域見守り活動」に取り組み、自治体と地域見守り協定を結んでいる。

JA福島さくらの営農販売体制

同農協の販売額構成は、米43％、野菜・果実・菌茸・花卉が20％、畜産が27％、直売所12％である。

郡山地区は米ときゅうり・梨、たむら地区は畜産とピーマン・いんげん、いわき地区は梨とネギを主力にしている。米の買取販売は8割に達する。直売所のウエイトも高い。地区本部に営農販売課が設けられているが、直売所担当のようである。

営農指導組織として、たむら地区本部は4つの営農経済センター（中部、西部、南部、東部）、いわき地区本部は6つの営農経済センター（第1～第6）をもつが、郡山地区は営農経済センターを置かず、営農指導も13の総合支店を拠点としている(3)。理由は営農指導には繁閑があるので、時間のある時は信用共済の仕事をしてもらうためである。

たむら地区本部、いわき地区本部は旧農協時代から営農経済センターをある程度集約しており、郡山地区本部は総合支店ごとで、かつ独立したセンター化していない。

営農指導員は56名、TACは48名で専任は2名のみ、「営農指導員みんながTACの気持ちで」仕事をする体制である。両者の配置場所は、郡山地区は総合支店、たむら・いわきは地区本部2名のほかは営農センター、ふたば地区は地区本部と分かれる。

分荷権は全て本店がもつ。米の比重が4割と相対的に高く、かつ買取販売が圧倒的なことも反映していよう。販売先は東京・関西の卸売業者である。全農の仮渡金に対して1俵1300円高である。首都圏に近く、全農の仮渡金では業者に対抗できないというのが買取販売の理由である。他品目については全農経由である。

農業施設を行政が建設し農協が運営することにしているが、農業をやる者が思った以上に復帰していないのが悩みである。

剰余金処分政策

出資配当はＪＡふくしま未来とＪＡ福島さくら、そして非合併のＪＡ東西しらかわが２％で、その他は１％である。

ＪＡふくしま未来では、合併前はＪＡ伊達みらいが出資配当７％で、事業利用分量配当も行っていた。その他のＪＡは出資配当１～２％のみだった。旧ＪＡ伊達みらいは内部留保よりも組合員還元に注力しており、合併により出資配当２％のみになったが、組合員からの反発はなかった。それは合併時の財務調整で出資金追加がなされていたためである。今後は事業利用分量配当を行えるか検討中である。

同ＪＡは総合ポイント制にも独自の位置づけをしている。購買等にはポイントではなく価格引下げで対応すべきだとしている。住宅ローンを借りた人はそれで農協との付き合いは終わりになってしまうが、定期貯金、年金受取額、直売所利用等でポイントランクをアップし直売所利用者等の囲い込みに活かし、アクティブメンバーシップを固めるとともに、直売所の売り上げ増を出荷者の所得増につなげようとしている。

ＪＡ福島さくらでは、合併前はＪＡ郡山市、いわき市が２％、ＪＡたむらとＪＡいわき中部が１％、ＪＡふたばは資本注入との関係で配当は不可だったが、合併直前には２％配当を行った。ＪＡ郡山市でも不良債権問題時には１％に下げ、それが解決してからは２％に復した。その水準が組合員の頭にあるため２％水準となった。合併して出資配当を下げるわけにはいかないというのっぴきならぬ事情でもある。なおＪＡ郡山市は合併前から総合ポイント制を取り入れている。

ＪＡ福島さくらは事業利用分量配当を行っている県下唯一のＪＡでもある。配当基準は米出荷30kg当たり50円で、米どころとしての対応であり、業者対抗の面もあろう。

合併の効果

福島県における農協合併は、機が熟してのそれというよりは、大震災で外部から加速化された合併であり、それだけに常勤理事を配しての地区本部制の採用など、力のある旧ＪＡへの配慮を厚くせざるをえず、営農指導は旧ＪＡ単位であり、合併効果も直ちには出にくい。また福島県全体としてとくに米・牛肉の風評被害を払拭し切れておらず、浜通りの旧ＪＡでは原発事故からの復旧が進まず、住民や農業者の帰還も進まないことから回復が遅れている。中央会として地域差・標高差を利用したリレー出荷や地域間交流のメリットを出したいとしているが、容易ではない。

そのなかで**ＪＡふくしま未来**では、直売所では６次化商品を中心に地区を超えた商品交流を図り、全店舗での統一イベントを行う（直売所ネットワーク）、前述のオリジナル肥料8品目の作成、出荷段ボールの統一などを「自己改革」のテーマとして追及している。また２０１７年5月の復興対策室（専任３名）の設置、そうま地区における２０１６年４月の小高総合支店の再開、２０１７年４月の山木屋支店の再開等の動きも合併ＪＡとしての被災地支援といえよう。将来的には信用共済事業の高位平準化、管理職の地区横断的交流をあげている。

またバーゼルⅢ（普通株や内部留保など中核的自己資本の比率7％以上、２０１９年から全面適用）のクリアは、合併しなければギリギリだったとしている。

ＪＡ福島さくらでは、新たな大型の直売所建設への取組み、磐越自動車道沿いの合併を活かしていわきの魚を郡山等の直売所で販売するなどを計画している。前述のように被災地のふたば地区本部は5つの支店が域外にサポートセンターを設けるなど厳しい状況にあるが（居住制限区域等の解除に合わせ、浪江支店の再開、富岡町のモール内にＡＴＭ設置）、本店には代表理事復興対策本部長の下に復興対策室（復興推進課・損害賠償対策課）を置いている。同ＪＡは福祉・介護・医療サービスでも全国トップクラスの事業量を誇り、新たな事業として郡山地区でグループホーム、たむら地区といわき地区でグループホームと歯科診療所の開設、機能充実等を行っている。

3　ＪＡ会津よつば――「会津はひとつ」

合併の経過

会津地域も２０１６年3月に管内４農協が「ＪＡ会津よつば」に合併した（表３－２）。「よつば（四つ葉）」とは合併を象徴的に表現している。会津は、他地域と異なる歴史、風土、文化をもち、以前から会津畜産センター、会津広域アスパラ選果場、会津地区組合長会など「会津はひとつ」の合言葉の下に協同に取り組んできた。合併前の４ＪＡとも名前の頭に「会津」「あいづ」をつけていた。とくに米については、10年ほど前から「会津米」のブランドでエコ米を80％にする取り組みがあった（実際には59％まで）。

他方で、管内には17市町村があり、盆地から県境中山間地域まで地域差も大きく、なかなか合併に踏み切れなかった。そこで今回の合併も「県域の合併に歩調を合わせた感が強い」（ＪＡ会津よつばの回答書、以下同様）ということになる。要するに大震災がきっかけになった。合併のイニシアティブをとったのは会津地域の組合長会だった。

合併にあたっての調整――組合員本位に

調整が必要な不良債権をかかえたＪＡはなかったが、資産格差はあった。その点は、旧ＪＡ会津いいで地区（喜多方市など）とＪＡ会津みどり地区（会津坂下町など）向けの各６億円の施設整備準備金を目的積立金として持ち込むことにした。この関連施設（支店建て替えと集荷場）は既に建設済みである。

本店はスペースの関係で２カ所に分かれた。旧ＪＡあいづ本店を管理・信用部門、旧会津みどり本店を営農経済・共済部門の本店とした。本店間は車で20分程度だが、稟議書の決裁には１カ月かかることもあるので、次期３カ年計画で統合することとしている。

出資金１口当たり金額は、旧３ＪＡが５０００円、１ＪＡが１万円であり、低くすると出資金の流出を招く恐れがあるという反対があったが、組合員確保をねらい１口１０００円とした。

職員の基本給はＪＡ間に差があったが、合併前に調整せず、全県的に２０１９年度から役割等級制を導入することに合わせるとしている。ボーナスは合併後の経営状態に応じた一律の支給率としたので、旧ＪＡ職員間で損得が分れた感がある。週休２日制については１ＪＡが４週７日制だったが、週休２日に統一した。

賦課金は、面積割と戸数割の併用と戸数割のみのＪＡがあったが、戸数割１０００円に統一した。手数料は、独禁法との関係で事前調整はできず、組合員に合併に賛成してもらうために、園芸手数料については合併後に低い方に合わせて３％とした。

出資配当率は0・5〜3・0％の幅があったが、1％とした。2017年度の剰余金処分では、出資配当は全体の12％を占めるが、「組合員に対する最低限の約束」として実施している。

事業利用分量配当はJA会津いいでが合併2年前から米について行っていたが、合併後は何を基準にするか結論が出ず、やらないこととした。またJA会津いいでは総合ポイント制をとり、座談会出席にもポイントをつけていたが、ポイント制を全域に導入すると費用が大きくなることや、現在の仕組みは直売所に対応していないということで、検討中である。准組合員割合が38％と低く、打って出るには総合ポイント制も検討対象になろう。

支店は合併後3年間は統廃合しない約束である。

ガバナンス——地域バランス優先の理事会制

県中央会からの要請で経営管理委員会制も検討した。賛成論もあったが、県内では必ずしも成功していない、理事会制に戻したケースもある、理事会との二重構造ととられる、今までのやり方を継続したほうが混乱が少ない、といった理由で理事会制のままとした。

関心はむしろ理事の数とその選出方法にあった。管内には17市町村があり、そこから1人も理事が出ないのは困る、代表権をもつ者は4地区から平等に出るべきという組合員感情が強い、定数は各地区均等ではなく事業分量割にすべきといった意見があった。それに応えるため、定数は46名（組織代表42名）と多くなった。各地区からの組織代表4名が、組合長、専務ポスト3に就くことになり、各地区からの現職学経理事など職員経験者4名が事業別専任常務ポストについた。代表権をもつトップに組織代表を置き、職員経験者の学経を実務担当役員に充てるのは、理事会制と経営管理委員会制をミックスした巧妙な配置でもある。

総代は、集落（「農事組合」の名称が多い）が全部で１０５４あり、そこから1名と言うことで定数１０００名にした。うち女性10％を目標としている。

理事定数の事業利用分量割合別の地区配分、旧４ＪＡ（地区）からの常勤役員４名体制、総代数＝農事組合数というのがＪＡ会津よつばの特徴である。

苦心した組織構築――３年限定の地区本部

会津の合併事務局は地区本部制を採ると旧ＪＡの権限が強くなるとして、本店直轄制の意向だったが、中央会から地区本部制を提案され、旧ＪＡから新ＪＡへのソフトランディングという点にも配慮して、３年という期限付きで、旧ＪＡごとの４地区本部制を採用した。

役員が地区本部長に就くと組合長（旧農協）と同じになってしまうとして、職員を配置した。地区本部（長）は信用・共済事業上の権限をもたず（同事業は本店―支店直結）、営農指導事業の一部について権限を持つが、分荷権はもたない。地区のイベントや行政対応が主で、「形式的地区本部」とも評されたが、結論的には、いきなり37支店を本店が統括することは難しく、地区ごとの相違が残る間は地区本部が地区内のとりまとめをするうえで有効だと現在は評価されている。地区本部長は理事会の臨席メンバーとして地区の事情説明や要望をとどける立場にいる。行政との関係は、地区本部長が行政の事務方との間に入り、地区出身の常勤理事と調整しながら連携している。

地区本部は簡素型と大所帯型に分かれる。前者は4~5人体制で、地域支援課しかもたない、あいづ地区本部（会津若松市など）、みなみ地区本部（南会津町など）である。後者は20~30人体制で、地域農業振興課ももつ、みどり地区本部、いいで地区本部である。

地区本部のあり方の相違の背景には、例えばみどり地区本部は7町村もかかえるといった管内自治体数や、営農経済センターの配置の違いがあったものと思われる。

営農指導体制――営農経済センターを核に

会津では営農経済センターが支店ごとにあるケースが多い（37支店24営農センター）。共選所、集荷場は営農経済センターの所管で、共選所の運営は生産者・理事・職員による運営委員会で決めている（選果料金は理事会決定）。その意味では前の前の農協が支店として残っていると言える。

そうではあるが、地区ごとの基幹的な営農経済センターが地区内の取りまとめ機能を果たしており、地区本部自体は農政対応に特化しつつある。ただし原発補償や転作など地域（自治体）ごとに特徴があり、本店ではまとめ切れず、また合併時に支店や営農経済センターなどの組合員との接点機能を強化する約束をしたということもあり、今のところ営農経済センターを集約する方向にはない。

営農指導員は販売担当兼務で総勢121名、うち本店に8~9名がおり（直売所担当など）、他は営農経済センター所属である。内訳は畜産7名、米35~6名、園芸70名程度で、園芸に力を入れている。

生産部会は、いいで・みどり地区は地区一本の部会に統合されているが、みなみ地区は「南郷トマト生産組合」のような支店のブランドが確立したものも含まれ、あいづ地区ではアスパラ・野菜部会は東部と西部に統合されている。旧ＪＡ内に複数部会をかかえる花卉と先のトマトを除き、基本的に地区ごとの部会に統合されつつある。

２０１６年６月には、トマト、アスパラ、キュウリ、ミニトマト等、主要８品目の生産部会連絡協議会が設立されている。

以上を踏まえ、「営農指導員は営農経済センターに所属するが、本店が主導する生産部会統一に向けた取り組みにより、地区を越えた現地指導を行い、品質の高位平準化を進める」としている。TACは計17名を地区ごとに配置しているが、その中には営農指導員の兼務やＯＢの専任もいる。

多様な作目の生産・販売体制――全農との連携

２０１７年の販売額は２４３億円で、前年より３・３％アップしている。構成は米68％、野菜17％、畜産５％、花卉５％、直売所４％といったところで、米が３分の２を占めるが、先の営農指導員の数にもみられるように合併前から園芸に重点をおいている。ミニトマト等の野菜や花卉には後継者や新規参入者も多く、拡大基調にある。２０１６年度にトマト出荷15億円、キュウリ・アスパラ各10億円を達成し、合併効果を発揮した。

問題は原発事故の風評被害の払拭度合いであるが、青果物については価格差は解消されたものの、需給が緩和すると優先順位が落ちる。米と畜産については価格差が歴然としており「業務用が定着していると感じざるを得ない。粘り強い働きかけで徐々に量販店の棚の確保が進んでいる」としている。

分荷権は、南郷トマト、アスパラは全農、畜産もほぼ全農、キュウリも２０１８年から全農、米は買取販売27%を除き全農である。旧JA時代から全農への結集（依存度）が高いが、その理由として、「遠隔地であるにもかかわらずロットが大きく、遠隔地から市況をみながら分荷するより、中央市場で現物をみせながら販売する方が効率的で説明責任も果たせる」としている。

アスパラの広域選果場は全農県本部が運営しており、会津全域を対象としてキュウリ、アスパラ、ミニトマトの共選所を全農と共同で建設・運営する計画中である（2020年）。このような広域共選施設がブランドや部会の統合の物的なテコになっている。

なお米の買取販売は、大手卸に「収穫後契約で引き取り前入金」としているが、全農と競合することもあり、価格的には委託販売と比べて「一勝一敗」としている。ただし農家には即金の魅力があり、また直売やふるさと納税の返礼向けでの販路確保もある。

会津は「米どころ」であり、米生産調整は達成せず、飼料米でなく備蓄米、WCS、野菜転作で対応してきた。2018年度についても備蓄米が主食米仕向けに1200t回る見込みで、JAとしてもCE9基に加え、現在RCの増設を計画中である。

野菜については買取販売はせず、山菜、果樹等も直売所の計13億円の売上、直販事業2億円（大手スーパー等への直送）にのせ、品不足の状況にある。

ブランド名は「会津」

合併によりブランド名は「会津」に統一した。段ボール箱には、左上に小さく「JA全農福島」、真ん中に青果・花などの図柄と「会津の○○○ですぞ」（○○○にはトマト等の品目が入る）、右下にイメージキャラ「コメナルド画伯」（2017年に商標登録）と「JA会津よつば」が入る。地区本部（旧JA）名は入らない。

そのほかに地域団体商標として「南郷トマト」（GI申請中）、「会津田島アスパラ」がある。これは支店名である。また地域ブランドとしては「昭和かすみ草」「磐梯トマト」「法正尻ほうれん草」がある。

このように旧JAが支店段階で確立してきたブランドを、一部は地域団体商標、一部は「会津」ブランドにしたわけである。そこに支店（旧旧農協）とJA会津よつばが併存する同農協の現実があり、両方が大切にされている。

担い手の育成

同地域ではところによって受け手不足で耕作放棄も進む状況にあり、JA単独でJAみどりファーム（会津坂下町、2015年設立、稲作作業受託、ホールクロップサイレージ収穫、種苗作業、売上3800万円）を設立し、今年度も湯川アグリファーム（2018年7月設立）を村5000万円（ふるさと納税の利用等）、JA4000万円の出資で設立した。JA出資型法人は地域からの要望が高く、JAとしても「今後、このような動きが加速すると思われる」としている。

新規就農も2017年5名、18年7名で、都市からのIターンもあり、南郷トマト生産者の2割は彼らから成る。昭和かすみそうも新規就農者の確保で5億円達成を果たしている（村、生産者、JAで研修生を受け入れる「かすみの学校」を設置）。新規就農希望者に対しては自治体とともに1～2年の研修を行い、その間はJA職員として雇用し、農家で研修する。青年就農給付金も活用し、費用は自治体

8割、JA2割の負担である。

4　成果と課題

3JAの比較

果樹作のウエイトが高いJAふくしま未来、米・野菜・畜産を地区ごとに展開しているJA福島さくら、米の比重が高いJA会津よつばといった作目展開の相違があるが、園芸作に力を入れている点は共通している。このように多様な作目を展開し、産地形成を図ってきただけに営農センターが支店（旧旧農協）ごとに設置され、旧JA段階での統合が進まないまま、新JAに引き継がれていることが共通した特徴である。

対応して分荷権の所在も、JAふくしま未来は地区本部あるいは営農センター、JA福島さくらは本店、JA会津よつばは全農と分かれる。

このようななかで微妙な相違がでたのが地区本部体制である。いずれも信用共済等の権限はもたない、取りまとめ機能を中心とした地区本部だが、前述のようにJAふくしま未来の場合は分荷権を地区本部がもち、地区本部長は職員が務めつつ、そのうえで組織代表常務理事が張り付く。JA福島さくらは組織代表理事が本部長になる。JA会津よつばは地区本部長は職員が務める。いわば重い地区本部と軽い地区本部への分化である。

地区本部自体は中央会の勧めるところであったが、その具体的なあり方は、各JAの選択というよりも、前述の作目展開と分荷権の所在に規定されたものとみるべきだろう。その意味でも福島県では1県

表3-3　福島3JAの事業―2017年―

単位：人、億円、%

JA名	ふくしま未来	福島さくら	会津よつば
組合員数	94,860	74,084	46,611
正組合員	46,132	39,050	28,293
准組合員	48,575	35,034	18,318
貯金	7,156	6,521	2,868
貸付金	1,597	1,116	624
貯貸率	22.3	17.4	21.8
長期共済保有額	26,786	18,676	15,304
購買額	166	95	123
販売額	281	153	243
事業総利益	153	105	90
経常利益	10.7	14.0	5.4
構成（%） 信用事業	136.7	94.0	49.9
構成（%） 共済事業	168.3	58.0	190.9
構成（%） 農業関連	△50.2	1.4	14.7
構成（%） 生活事業	△45.5	△14.4	△58.9
構成（%） 営農指導	△109.3	△39.5	△56.5
自己資本比率	13.0	13.1	15.1
職員 総数	1,425	1,554	1,270
職員 正職員	1,398	874	931
職員 臨時職員	27	680	339
営農指導赤字/正組（万円）	24,357	14,186	29,537
貯金/組合員（万円）	754	880	615
販売額/正組（万円）	61	39	86
労働生産性（万円）	1,074	676	709

注：1）営農指導赤字/正組合員の単位は円。
　　2）労働生産性=事業総利益/職員数
　　3）総代会資料による。

1JAなどというのは現実的でなく、4JA体制となった必然性があるといえる。

　また農林中金の福島支店からは、信用事業の代理店化の貯金手数料は県内一律に0・408%と提示され、現在の3割弱下がることになり、どのJAも代理店化の意向はない。

今後の課題

　事業基盤を表3－3の部門別経常利益からみると、JAふくしま未来とJA会津よつばは、共済事業への依存度が高い。とくに中山間のJA会津よつばはそうである。同JAは共済事業の収益比率を長期共済から短期共済にシフトさせ、とくに短期の自動車共済の管内シェアを現在の25％から30％に引き上げることとしている。それには准組合員対策も欠かせないだろう。

同ＪＡの自己資本比率は15・１％で他のＪＡより高いが、前年度から１・63ポイントも落としている。貯金額を増やしているが（生産者の意欲が高く、農業貸付は大型機械向けの取り扱いが近年大幅に伸びている）、高齢化の進む中山間地域にあって、正組合員が減り、准組合員が思うように伸びなければ、出資口数は減少し、自己資本比率は低下せざるをえない。

より都市化したＪＡでも程度の差はあれ、同じ状況にあろう。ここでも意識的な准組合員対策の追求が必要である。

農業関連事業は、ＪＡふくしま未来が大幅な赤字であるのに対して、他の２ＪＡは黒字化している。表の下段の営農指導事業の赤字額（他部門からの補てん額）を組合員一人当たりで除した額は、全国平均２・５万円に対して、ＪＡふくしま未来はほぼ平均水準、ＪＡ福島さくらはかなり低く、農業関連事業がかろうじて黒字化しているのもそのことに関連しているのかもしれない。

ＪＡ会津よつばは、同額も平均を上回り、農業関連事業も一定の黒字になっており、組合員一人当たりの販売額も最も多いが、営農指導部門の赤字補てんにはほど遠い。そこで、施設の大規模な機能集約（全農と提携した広域施設の設置）、手数料水準の適正化（引き上げ）、それらに伴う人員配置の見直し、信用事業の渉外強化、営業店舗の見直し等を掲げている。

この点はどのＪＡにもいえよう。福島のＪＡの特徴は、前述のように前の前の合併農協（現在の支店）ごとに営農経済センターを設置している点である（旧ＪＡ郡山市を除き）。それは果樹産地として培ってきたブランドを大切にしてきたからだが、その産地の力を地区・新ＪＡ全体に普及するために、広域集出荷施設の集約を土台にして、支店単位の営農経済センターを地区本部廃止後の本店が統括可能なかたちに集約し、広域的営農指導と生産部会組織の拡大を図る必要があろう。そのことは公認会計士監査により減損会計の対象となるのを避けるためにも必要である。合併ＪＡにふさわしい産地体制をどう構築するかが真の合併の課題だと言える。

第3節　ＪＡながの――さらなる有利販売に向けて

1　北信州エリアのＪＡ合併

合併の経過

長野県は１９９５年の資料では、49農協、それを１９９８年までに16農協に合併する計画だった。当時の資料には「25広域農協合併を基軸に旧郡１農協の16農協づくり構想の推進・実現（１９９５～99）」とある。49→25→16という道筋だったのかもしれない。いずれにしても郡市単位農協がゴールだった。さらに２００６～２００９年にかけて20ＪＡを16ＪＡにする案が再確認された。

それを受けて北信７ＪＡの合併の話がもちあがり、専務間での調整になったが、３つのＪＡは時期尚早として正式には検討に加わらないことにし、２０１３年10月にＪＡながの、須高、志賀高原、北信州みゆきの４ＪＡで組織再編検討委員会が設立された。

地区総代懇談会や集落懇談会等での説明が繰り返し行われるなかで、２０１５年３月頃よりＪＡちくまでも参加に向けて説明会がなされだし、6月には5JA合併推進委員会の設立となり、年末に合併予備調印式にこぎつけた。

最終的に参加を見合わせた2JAのうち、JA中野市は、新JAながのエリアのど真ん中に位置し、JAグリーン長野も旧JAながの・JA須高とJAちくまの間に挟まっている（JAちくまが飛び地合併ということになる）。

地理的にはそういう関係だが、JA中野市はきのこにかなり特化しつつ「くだものときのこの王国」を名乗り、貯金800億弱円で貯貸率は56％に及び、その多くがきのこ関係である。販売額は270億円で全国のトップ20の域に入る。

JAグリーン長野も貯金額1800億円、長野市の犀川南部をエリアとする果樹・きのこ農協で、販売額は直売所も含め60億円を上回る。

両JAとも一定の貯金額を有しつつ産地農協として気を吐いており、事業・収益の減少への将来不安はあるものの、合併により職能組合色が薄れることを懸念し、合併は「時期尚早」として参画を見送ったようである。

合併の理由

では5JAの合併理由は何か。第一に人口減少とそれにともなう事業量減の見通し、第二に、金融秩序の高度化、第三に「農協改革」で農政がJAの職能組合化に舵を切ったことにも対応しうるよう産地農協としての体制を強化するため、と言える。参加農協にはJA北信州みゆきのような運動体として名をはせているJAもあるが、足元の飯山市の人口減は激しかった。2013年に行われた県のシミュレーションでは5~10年後には多くのJAが赤字になるという結果が出たことも背景にある。

合併JAのうち2JAはスキー関係やきのこ等の不良債権をかかえており、スキー場等の動向によって事業収益が大幅に増減する経営となっていた。組合員への増資の呼びかけも思わしくなかった。JA北信州みゆきはぶなしめじを中心としたきのこ、JA志賀高原は全国でも高い評価をうけているリンゴなど県下有数の生産量と品質を有していたこともあり、合併により総合的な販売が可能となり、生産者メリットもでるだろうという判断で参加に踏み切ったとされる。また温泉地帯をかかえており、不良債権を処理できれば、おもしろいビジネスモデルの可能性を秘めていることも合併相手から評価された。

「組合員懇談会資料」（2015年10月、16年2月）では、まず「新JAの運営の基幹」として「3+1」を掲げている。3とは営農指導の強化、販売事業の強化、資材コストの抑制であり、プラス1は安心して暮らせる地域社会づくりである。「合併事業計画」が即「自己改革」となる構えであり、営農指導をトップにもってきたこと、産地づくりと地域社会づくりをクルマの両輪にして分かりやすく示したのが特徴である。

「販売事業の強化」では、5JA合併により、果実取扱高が県JAの40%を占める大型JAになること、「さらなる有利販売を最重要課題」とすることが強調されている。

このようなロットの大きさ、規模の経済の追求とともに次のような狙いがある。表3−4で合併前の各JAの販売額構成をみると、果実が7~8割を占めるJA須高とJA志賀高原、きのこと果実が半々のJAちくま、同じくきのこが半分、野菜・米・畜産もあるJA北信州みゆき、そして果実が半分を占

表3-4　合併前の各JAの概況（2015年度）

単位：人、%、億円

旧JA名		ながの		北信州みゆき		ちくま		須高		志賀高原	
組合員数			31,122		10,901		11,599		9,352		3,737
准組合員割合			51.1		36.8		32.9		50.0		54.8
販売額(億円)			71.5		82.8		42.1		71.0		39.2
上位3位の割合	1位	果実	46.7	きのこ	46.2	果実	41.1	果実	87.1	果実	69.1
	2位	直売	17.0	野菜	18.4	きのこ	36.1	きのこ	7.2	きのこ	27.8
	3位	畜産	12.0	米	15.1	米	10.6	畜産	3.2	買取	1.8
貯金額（億円）			2,521		1,142		1,089		741		462
貯貸率（%）			27.6		20		13.3		24.2		34.3
出資配当率（%）			3.0		1.5		1.0		1.0		0.5

注：2015年度の各JA総代会資料による。

め直売も多いＪＡながのと、得意な品目が微妙に異なる。そこで合併により広域専門指導と重点市場対応で品目の多寡を補い合いつつ、総合産地の強みを発揮していく「範囲の経済」の追求である。

「地域社会づくり」では貯金額も県内地域信用金庫と同等規模になり、地域や組合員の「農」や「くらし」をサポートできるとしている。県が力を入れている「信州こどもカフェ・こども食堂」に農産物を供給する支援活動にも力を入れている。

合併に伴う諸措置

不良債権については「新ＪＡ発足後の不良債権比率の目標値を５％以下とし、各ＪＡは合併時までにその解消に最大限の努力を行う」としている。前述の通り、不良債権比率が全国的に見ても著しく高いＪＡがあったものの、各ＪＡの不良債権は放棄せず、積立金を取り崩して償却し、ＪＡながのの自己資本を活かして、合併農協の不良債権比率を２・７％にまで減らしている。

ＪＡながのを存続組合とし他のＪＡは解散した。財務格差はＪＡながのと他のＪＡ、とくにＪＡ志賀高原との間は大きかったものの、各ＪＡは全国的に有力な農産物ブランドをもち、それらを統合することでの組合員メリットを追求するという理由から対等合併とした。

従って財務調整は行わないこととした。優良組合については出資金を追加する調整方法もありえるが、組合員の脱退により流出してしまう懸念があり、それでは合併目的である「財務基盤の確立」に反するという理由からである。現実には、財務的に他のＪＡより優良だったＪＡながのの決断、その自己資本による補てんが大きいものと思われる。新ＪＡの自己資本比率は、後掲の表3－6によっても20％弱で相対的に高い。

「支所・支店・出張所は採算性を前提にし、地域実態を考慮した存置を目指します」としており、いいかえれば存置の確約はしていないということで、現在は各ブロックで検討している。人口減と利用減が合併の一つの大きな理由だったわけで、存置には相当の努力が要るだろう（その後、農林中金の還元利率が大幅に下がることから、再計算すると２０２２年には赤字化する結果となり、「支所拠点再構築」等の課題に取り組むこととしている）。

販売手数料については、２０１７年度から、米は４％、その他は2％に統一した。

給与は旧ＪＡながのにそろえることにし、基本給は４年以内に調整することとしている。賃金上昇分は、業務統合と効率化を踏まえた採用抑制により吸収することとしている。就労条件は合併時より統一している。給与調整を行わない方式を採用する合併ＪＡもあるが、それでは、ブロック間の人事交流を活発に行っていく中でのモチベーションに課題を残すと考えた。また給与調整を行うことで、どのブロックも同じ水準の事業量や収益の確保をめざす、という意図も込められている。

合併に伴う大掛かりな設備投資はまだ行っていない。ちくまブロックでの支所移設、須高ブロックでのフルーツセンターの建設、志賀高原ブロックでの農産加工センターの移設、ながのブロックでの立体駐車場建設とセレモニーホールの通夜施設の着工、駅前のアンテナショップ、みゆきブロックでのライスセンター建設等、旧JA時代から計画されてきたものである。

2 ブロック制とガバナンス

ブロック制の採用

それぞれ独自性の強いJAの合併にはさまざまな工夫や調整が求められる。まず事業組織としては7つのブロックを設ける。この程度の規模では地区本部制をとるには至らないという判断である。旧JAながのは北部・中部・西部の3ブロック、その他の4JAは各1ブロックである。旧JAごとにブロック化することで、ひとまずは旧JAがブロックとして残れるようにしながら、各ブロックの課題を明らかにするとともに、ブロック別の収支明確化により、経営安定につなげていくという考え方である。

各ブロックは営農センター（営農課、販売課、アグリサポートセンターをもち、本店営農部につながる）、経済センター（資材センター、SS、セレモニーホール等をもち、本店経済部につながる）、ライフサポートセンター（支所支店、本店金融・共済部につながる）をもつ。

最大の特徴は、ちくま、須高、志賀高原、みゆきの各ブロックに常勤の地区担当副組合長（組織代表）、常務理事（ちくま地区については担当専務も）を置いた点である。

ただし、他県の合併事例では、地区本部制の採用で組織が重層化したこと、地区常勤役員が決裁権を有したことによる費用統制や融資決済上の問題が生じたことを踏まえ、JAながのでは地区担当役員は決裁権をもたないこととした。地区担当副組合長等の主要な職務は、ブロック内の営農・経済・ライフサポートの各センターに「横串を入れ」つつ、地域組合員・行政対応を主とし、首長等とともにトップセールスしたりする販促活動等も行っている。

しかし「懇談会資料」では繰り返し、地区担当副組合長の「常勤・非常勤の体制については、今後早急に検討します」としている。つまり、新JAの安定的な運営を摸索する中で、地区内組合員の不安解消を図るためにも経過措置的な対応をしたものと思われる。現に2018年総代会では、4地区の副組合長は人も変わり、非常勤となり、地区担当の専務・常務は廃された。

以上から、大規模JAのガバナンス確立を目的に、指揮命令は全て本所が掌握し、資金の流れも本所が統制する体制としている。なお融資案件については、前述の2JAのスキー・きのこ関係先への融資案件の早期掌握と、統一した回収・支援方策の確立が必要なこともあり、本所決済を基本とした。同時に機動的な対応も必要として、支所支店は500万円以下に限って貸付権限をもつ。

理事会制の選択

「懇談会資料」では、「合併後の組合員意思反映や、経営の専門性に対して迅速に取り組むために理事会制を採用します」としつつ、農協法改正に伴う措置等で事情変更がある場合は「その時点で見直しを行う」としている。

経営管理委員会については、合併小委員会（各JAの常勤役員で構成）で検討したが、県内での導入例はなく、十分な理解がないまま導入すれば組合員に無用な不安を招きかねないこと、機能的にも理事会との棲み分けが難しい等の懸念もあり、合併時の導入は見送った。トップとしては、経営と組織運営を機能分化させる必要があるとして、経営管理委員会の導入を考えるべきとしている。

理事定数は、30名程度が適当としつつも、合併直後からいきなり3分の2に減らすことは組合員の不安を招き、合併への理解が難しくなる可能性が高まるとして40名とした。しかしその後にＪＡちくまの参加が決まったので、既定の選出基準により追加して計47名の定員となった。うち43名を各地区から、4名を実務精通者（企画管理、経済、営農、金融・共済担当常務）の全域選出としている。なお初代の組合長と専務は旧ＪＡながの、副組合長は旧ＪＡ北信州みゆき・ＪＡ須高の出身で、この4名が代表権をもつ。

女性や青年の理事枠は、合併推進委員会で検討したものの、旧ＪＡ志賀高原の理事枠が3名に限られるので選出が厳しいこと、また敢えて女性・青年枠を設けるのではなく、自発的に地区から推薦されてくることに期待しており、現に女性（6名）や青年も理事になっている。

特筆されるのは総代制である。総代定数は８００名と多いが、「ＪＡ運営に対する地域組合員の意見を幅広くとらえることによりＪＡ運営への共感作りも含め、農協改革が本格化する以前より、新ＪＡでは准総代制を採用します」（「懇談会説明資料」）として、別に准総代枠を２００名設けている。准総代制は旧ＪＡながのが１９９２年から始めているが、合併前にはＪＡちくま、志賀高原にも広まっていた。総代会には40～50名の出席があるが、意見を出すには至っておらず、現状ではＪＡ理解を深めてもらうことが主で、准組合員からどうやって意見を引き出すかが課題だとしている。

3　広域営農指導体制をめざして

営農指導体制

合併した農協の販売額構成は、果実47％、きのこ24％、直売・米・畜産各7％、野菜6％、たばこ・花卉等2％とバラエティに富んでいる。合併により各品目の技術を高位平準化し、総合産地化、「複合経営」ＪＡをめざし、「さらなる有利販売」を追求するのが合併の「最重要課題」である。

営農技術員は果樹42名、野菜22名、きのこ11名、稲作９名、花卉９名、畜産４名、生活指導７名等の計１０７名で、販売額構成と比較すると野菜のウエイトが著しく高いが、これは旧ＪＡがそれぞれ野菜の新規分野開拓に注力してきたからだろう。技術員は地区の営農センター、その中のアグリサポートセンターに配置される。

この技術員のなかから広域技術員９名をブロックとの兼任で置いたのが新機軸である。果樹ときのこが各３名、野菜・花・米が各１名である。ここではきのこに力点が置かれる。彼らが合併の表看板である広域専門指導体制の先頭にたち、月１回の研修会を始めとして、施肥・防除基準などの統一や栽培技術の現地指導等を行いながら、技術指導の高度化を目指していくが、栽培技術の統一は土壌や気象、過去からの指導の相違もあるなかで簡単ではなかろう。

ＴＡＣの出向く体制も検討したが、総合的な技術指導と資材販売をあわせて議論中である。技術力の高い農業者の指導には年配の者を配置する必要がある。今のところ、農家手取り５％アップをめざす「営農指導マイプラン」を各自が立てて追及している。基本的に旧ＪＡの営農指導の陣容を継承しつつ、広域の主要品目別指導体制の早期構築を課題としているといえる。

作目別の指導方針

果樹については、りんごは新わい化栽培とオリジナル品種の生産拡大、ぶどうは種なし品種を核にした産地・ブランド形成、もも・ネクタリンは長期販売体制、なしは高糖度ブランド産地化、新興果樹（プラム、プルーン、杏、ブルーベリー・キウイ・さくらんぼ等）の振興、複数果樹の組み合わせとアスパラなど他作物を導入した「経営の複合化」を推進する。

きのこは、多用途（さまざまな料理用途）・簡便（カットきのこ）・機能性（健康食材）の組み合わせによる需要創出、需要減退期に向けた果樹・野菜・花卉（盆花）等との複合化を図る。野菜は、アスパラの半促成栽培、伏せ込み栽培、タマネギの水田二毛作、定年帰農者や新規就農者の育成（アスパラ、ミニトマト、インゲン、ピーマン、ニラ、ほうれんそう等）、花卉は遊休地の有効利用（JA出資法人・ながの農花の設立）を狙い、定年帰農者や女性への花卉栽培の働きかけを行っている。このように、複合経営化と定年帰農者や女性等への目配りが特徴である。

多数のブロック別部会・組合員組織

生産部会はブロック別に組織される。部会の状況をみたのが表3－5である。全部で75部会、1・7万部会員である。品目的には果樹が48％、水稲29％、園芸13％である。きのこは部員157名で少数精鋭化である。員数的には、ながのブロックとみゆきブロックでは水稲が最多だが、他は果樹が最多であ

表3-5　JAながののブロック別部会数と部員数―2017年度―

ブロック	部会数	品目別部会員数―2017年―				
		果樹	きのこ	園芸	水稲	その他計
ながの	22	2,822	7	796	3,017	8,051
みゆき	18	553	77	1,006	1,548	3,184
ちくま	15	1,399	23	342	460	2,224
須高	11	2,757	17	115	—	2,913
志賀高原	9	728	33	28	—	789
計	75	8,259	157	2,287	5,025	17,161
2016年計	75	8,406	165	2,382	5,713	18,167
2017/2016	100	98.2	95.1	96.0	88.0	94.5

注：1）部門は品目別に分かれているので大括りした。花卉は園芸に含めた。
　　2）「その他」は畜産、直売所で、とくにながのブロックでは4部会1,384名を含む。

る。

２０１６年と比較すると、部会数は変らないが、部会員は５・５％減、なかでも水稲が12％減と激しい。ブロック別には水稲の多いながののブロックの部員数減が７・２％と多い。

このような多分野・多数の農業者に広域専門指導体制を貫くことがいかに壮大な課題かが分かる。

組合員組織もブロック別に農家組合１６４０、青年部５５１名、女性部３５３３名、年金友の会３万６５９７名を組織している。女性部は新ＪＡとして統一を果たしている。他も将来的には一本化したいが、現状は連絡協議会にとどまっている。

販売面の統合

繰り返すように「有利販売」が最高の合併の旗印である。

まず分荷権は本所の営農部販売課がもつ。課内に果実・きのこ・農畜産物の3品別グループ制を導入して対応する。きのこをはじめ特殊な流通があり、地区の固有の権限がなくなることへの不安もあり、その意見を聞きながら本所で全体調整をしている。果実は７～８割、きのこは８割、野菜は２～３割の分荷権を本所がもつ。とくに果実は「多元集荷一元分荷」をめざす。野菜はこれからだが、全体調整は本所が行う。「思ったよりスムーズにいったが、100％にはならない」という。分荷権の一元化により市場にアピールでき、市場バイヤーもまず本所に顔を出してから共選場にいくようになった。

卸売市場向け段ボールはマーク、デザイン（等階級表示を含む）、規格・材質・寸法を統一する。妻面表示は生産部会ごとに決定でき、トレース可能にする選荷場名やロゴ・マークの表記が可能である。契約取引の場合は、段ボールは実需者の要望に沿って対応するが、新JA名を必須記載としている。

具体的な販売戦略は、ⓐ新JAとしての重点市場の設定、ⓑ量販店の寡占化に対応した新JA全域連携（標高差を活かした単品長期リレー出荷と物量結集）、ⓒ直販取引30％（JA向け、直売所、学校給食、業者、全農直販等で、現状で25％）、観光や食育・花育で管内需要の創出、ⓓ契約取引は営農センター（または生産者グループ）で完納、ⓔ買取販売の拡大（現状は米のみで、リンゴも一部）等である。旧JAながのとJA北信州みゆきはとくに直売所に力をいれており、それぞれ1000名（部会員は1384名）、300名の出荷者をもつ。

米については販売・生産の一元化を図り、全取扱量の4割を早期契約締結し、量販店との契約栽培等で生産調整「廃止」に備えている。米やアスパラはふるさと納税へ礼品にも使用されている。

4　成果と課題

配当金をめぐって

新JAは出資配当2％、事業利用分量配当を定期貯金、貸出金利息、長期共済・年金共済の事業量に応じて行っている。剰余金合計に対しては出資配当９・２％、事業利用分量配当２・６％である。

出資配当は旧ＪＡながのが元々２％だったことに合わせた。合併で引き下げるわけにもいかず、組合員間で差を付けるわけにはいかないということで「当面、可能な限りは」ということである。

旧ＪＡながのの２０１６年度の総会資料にあたると、出資配当は１％、「組合員のＪＡ結集力の向上を目的に」した特別配当２％で計３％にしていた（当期剰余に対して出資配当３・６％、特別配当７・１％の計10・７％）。また事業量分量配当は新ＪＡと同じ対象で剰余金の５・７％相当を行っていた。２０１６年は合併にあたっての対応であり、通常年は２％だったということなのだろう。また旧北信州みゆきも合併前に１・５％に引き上げている（表３－４）。

以上を踏まえて、新ＪＡの出資配当２％は、通常配当１％＋（合併に伴う）特別配当１％という理解だとしている。

事業利用分量配当は旧北信州みゆき、ちくま、須高がかつては行っていたが、合併前にやめていた。従って旧ＪＡながのを受け継いだことになる。

合併の特徴

北信地域は果樹王国であり、それぞれ力があり、組合員目線を追求してきたＪＡも多く、その合併には相当の力技が要る。対応は合併ＪＡと非合併ＪＡに分かれたが、互いに協力すべき点はそうしている。合併は将来性のある農協の不良債権を問題として表面化させない形で、ＪＡの共助努力としてなされた。スローガンとしての「さらなる有利販売」も説得力をもった。そのための広域営農指導体制の構築をめざしているが、これが難問である。

力のあるＪＡの合併なので、それなりに旧ＪＡを処遇する必要があるが、地区本部制といった重い組織はつくらずブロック制とし、各ブロックに副組合長を配したが事業上の指揮命令権はもたず、早期に非常勤化した。郡内合併という合併規模に適合した選択をしたわけで、それらの工夫が特徴点といえる。

合併の結果は

２０１７年度事業の対前年度実績は、販売95％（主力のリンゴの生育遅れ、菌茸の価格低迷）、うち直売は１０５％で健闘、購買は横ばい、貯金は１０３％だが、貸付金は96％と減少し、貯貸率を落とすことになった。長期共済の新契約高は１４６％と健闘している。建物更生共済１８４％、年金共済１６６％に支えられている（表示は略）。

２０１７年度の経常利益は前年度より38％伸びたが、農業関連事業の赤字は22億円から63億円へ、営農指導事業は44億円から63億円へ、それぞれ大幅に増えている。営農指導部門の経常収支赤字を正組合員一人当たりで割った額（収益を農業部門にどれだけ回しているか）は１・９万円で、旧北信州みゆきの２・８万円と旧ＪＡながの１・４万円の間である（全国平均２・５万円）。合併により農業関連事業や営農指導事業に力を入れたものの、後述する職能組合化への舵切りからは遠のいた。

生活事業は、旧ＪＡ時代もＪＡ須高を除き黒字だったが、それは新ＪＡでも維持できている。30カ所のＧＳ、８カ所のＬＰガスセンターの配置、ＪＡ中野市やＪＡグリーン長野と提携した食材のまごころ宅配便、中山間地域向け移動販売車（ながのブロック２台、みゆきブロック１台）、葬祭事業の強化等に取り組んでいる。

今後の課題

今後のJAのあり方については、1県1JA化は、販売額で1000億円、貯金で1兆3～4000億円となり、その広域的なガバナンスの確立が可能なのかどうか、また経営体としての格差が大きすぎて調整が可能かなど、県域的にも慎重に検討されているようである。

JAながのとしては、ガバナンスの確立や目配りの利く経営体としての観点、あるいは職能組合化をめざすJAが出てくる可能性等を考えれば、北・東信、中・南信プラス1などもありうるとしている。

提示された代理店化した場合の手数料は貯金額に対して0・5％強であり、「検討に値しない」としている。しかしトップとしては「現在の貯金額6000億円でいいのか、1兆円は欲しい、とはいえ1兆円で組合を維持できるかは不明だ」としている。

そこで職能組合化にも舵を切れるよ

表3-6　JAながの事業実績

単位：億円、%、人

		2016	2017
組合員数		65,628	65,351
正組合員		34,227	33,477
准組合員		30,315	31,874
貯金		6,176	6,335
貸付金		1,312	1,263
貯貸率		21.3	19.9
長期共済保有額		20,734	19,861
購買額		217	217
販売額		311	296
事業総利益		101	140
経常利益		19	26
構成（%）	信用	77.8	78.4
	共済	42.2	52.4
	農業	△12.1	△24.6
	生活	15.6	18.6
	営農指導	△23.6	△24.7
自己資本比率		19.5	19.5
職員		1,648	1,600
	正職員	1,027	982
	臨時職員	621	618
営農指導赤字/正組		12,778	18,926
貯金/組合員数		941	969
販売額/正組数		91	88
労働生産性		613	875

注：1）下4行の単位は万円。
　　2）総代会資料による。

う、支所の統廃合や業務集約による金融収益の維持、経済事業の子会社化、営農と経済の統合、多拠点展開の資材や農機の統合、共選所の統合などを検討し、農業部門での収支均衡を追求するとしているが、前述のように険しい道程である。

集出荷施設等を多数かかえた果樹産地ＪＡとしてはまず、拠点集約を進め、減損会計にいかに対処し、農業部門での公認会計士監査の費用をどう抑えるかが課題である。

他方では、貯金額６０００億円以上を有し、准組合員総代を率先して設けるなど、地域密着組織（業態）としてのＪＡのあり方も追求してきたことからすれば、支所統廃合は慎重を要する課題である。

補論　ＪＡ山形おきたま――不祥事からの再建

以上でヒアリングに基づく事例紹介を終わるが、事例のほとんどが21世紀のそれになった。販売額２００億円以上のＪＡの任意組織として秋田から九州までの30ＪＡによる「全国ＪＡ販売事業戦略サミット」が１９９５年より開催されており、２０１８年度の幹事ＪＡにＪＡ山形おきたまがなっている。今年度の参加は21ＪＡだが、その内訳は１９９０年代の合併が6割、残り4割が21世紀の合併である。そのほかにも１９９０年代には九州等でも産地農協の合併が多く見られた（宮崎は１９７０年代）。

ＪＡ山形おきたまは、１９９４年に、２郡３市５町の９総合農協と１酪農専門農協が合併した巨大農協として誕生した。その後もＪＡ出資型農業生産法人の設立等の営農面でも次々に新機軸を打ち出して注目された。

しかるに合併10年目を迎える2003年に1支店で職員による巨額の不祥事が発生し、他にも米代金の過払いや不良債権が発覚し、それまでの順調な発展は頓挫した。

そもそも合併自体が1991年の県内7JA構想にあわせたもので、かつまた同JAから県中央会長や全国連役員を複数だすなどしていた立場が作用したものであり、必ずしも地域内発的とは言い難い面もあった。そのためか、合併時点で不良債権を引き継ぎ、その率は10％を超え、賦課金徴収はゼロ、手数料や購買品価格も最低水準に合わせるなどして出発した。

JAの内部留保（利益剰余金）は、2002年までは25億円弱にまで伸びていたが、それを取り崩さざるをえず、2007年度には6億円程度のボトムに落ち込む。2015年にやっと最盛期の水準に回復し、翌年には30億円に達している。不祥事からの回復に10年余を要したわけである。

既に不祥事の前から経営管理委員会の検討をしていたが、専門性やスピード性を理事会に託しつつ、不祥事防止のためにも経営管理委員会制度に移行した。しかし最も「農家らしい農家」が複合経営を営んでいる置賜地域においては、経営管理委員会はなじまなかったようである。屋上屋を重ねる、二重構造だ、といった一般論とともに、経営管理委員を務めた経験のある集落営農法人のトップが言うように、組合員代表が執行権を持たないことに対する違和感が強かった。そのようなことから2015年には理事会制に復した。しかし経営管理委員会制度を全面否定すべきではなく、プラス面を引き継ぐべきとして、正副組合長のトップは組織代表、専務・常務3人は職員出身として、両制度の良い面を合体した。

JA山形おきたまは地区本部制的な中間組織はつくらず、今日では行政区域ごとに支店を置き、その下に出張所を設けている。

経営が厳しかったＪＡ山形おきたまは出資配当をしていない。２００８〜10年の回復初期に０・１％の配当をしたことがあるが、「ラーメン一杯分」だとして取りやめ、出資配当よりも利用高配当、それよりも期中還元ということで、２・５億円程度を投じている。

ＪＡは09年より２年がかりで園芸手数料を２・２％から４・０％に引き上げ、その増額分の56％にあたる５０００万円を日本一のデェラウエア産地形成やアスパラ・枝豆産地づくりなどの支援に充てている。

表３−７にみるように、ＪＡの販売額は、主として米販売額の減少から１００億円も減っているが、そのなかで米の比重を落とし、園芸、とくに米沢牛（ＧＩ登録）をはじめとする畜産に力点を移そうとしている。米は買取販売はリスク面から行わず、「米穀事業山形おきたま会」を通じる卸への直販比率を７割程度に高めている。米の大口出荷者１０７名の「千俵会」を組織し、出荷奨励をしている。園芸作等は、合併前からの市場とのつながりから支店・集荷場ごとの分荷権になっており、農家には「ウチらが市場」の意識が強かったが、ＪＡとしては施設の再編整備に力をいれ、２０１８年には南陽市に拠点広域集出荷施設を建設し、また全

表 3-7　JA 山形おきたまの推移

単位：人、億円

	1994	2018
組合員数	30,913	29,961
正組合員	24,828	19,312
准組合員	6,085	10,649
職員	1,202	626
うち営農指導員	182	45
部・室	16	6
支店	72	15
資材センター	8	2
農機センター	8	3
集荷場	12	4
選果場	7	3
ライスセンター	9	0
CE	8	8
販売額	311	217
うち 米穀	214	116
園芸	52	40
畜産	45	53
購買額	71	57

注：1）JA 山形おきたま「経済事業改革の実践について」（2018.3.7）
2）組合員数、職員数は 2017 年度末で総代会資料、2018 年の営農指導員には生活指導員を含む。

農と提携して枝豆、アスパラの県内ＪＡ広域選果場を設置し、「おきたまブランド」の確立を図っている。

農業振興の努力の結果、２０１６年度には部門別損益で、農業関連事業は２・９億円の黒字となり、営農指導の赤字３・３億円に迫っている（17年度は５８００万円と３・３億円で苦しくなっているが）。ともあれ農業関連事業を黒字にまでもってきたことで、ＪＡ山形おきたまの再建はほぼ達成され、次のステップに進もうとしている。

表３－７で合併時と２０１８年度を比較すると、大規模な職員・支店・施設のリストラになっている（職員は99年の分社化で２００名が移籍）。支店統合は渉外で乗り切った（ＴＡＣは支店統合とともに始めたが、金融渉外と変わらないとして06年にやめた）。固定資産も１５０億円から90億円に減らしている（その他の指標は次章の表４－１を参照）。営農指導員の減も著しいが、産地の維持発展には人材育成が欠かせない。

注

（１）花巻市の農業法人を紹介したものとして、品川優「集落営農による農業構造変動の東西比較――東北と北部九州」『佐賀大学経済論集』48巻3号、２０１５年。

（２）１９９０年代後半の福島県における合併については貴重な報告がある。飯島充男ほか「福島県における広域農協合併の動向と課題――営農・販売事業を中心に」（『農業・農協問題研究』24号、２００１年）。これは本書の例では、伊達みらい、郡山、たむら、あいづ農協への合併時の話である。

そこでは県中央会は96年に営農センター構想を打ち出し、本店段階に広域営農センター（営農部）、市町村別またはブロック別に地域営農センターを設置し、営農指導員も支店分散ではなく、これらの営農センターに集約し作物別専門指導体制に移行すべきとしていたが、現実には基幹支店（旧農協の本店）を設置し、そこに地域営農センターを置き、営農指導員も組合員からの要望により一般支店に配置される例がみられるとしている。

（3）前掲論文でも、郡山農協では96年には6つの営農センターを置いたが、翌年には6つの総合センターが各施設を傘下に置くかたちに改められ、「営農」の字は消えていく。基本的に当時のかたちが新ＪＡにも引き継がれていっているといえる。

第4章　平成合併の論点と課題

はじめに

本章では、これまでの紹介事例を小括する。そのうえで平成合併の末期に提起された農林中金の奨励金利率の引き下げの歴史的意味を問い、それが農協改革に何をもたらすかを考える。一口で言えば、それは高度成長期以来のＪＡのビジネスモデルに転換を迫るものといえる。課題は、政府の農協「改革」への対抗から、新たな農協像とそのビジネスモデルの構築という自己改革への転換である。

第1節　平成合併の諸論点

1　合併の目的とプロセス

大規模層に規模の経済は認められるか

広域合併いわんや1県1ＪＡ化には相当の年月を要する。広域合併は自然的・経済的条件を異にする多様な地域、専業的農業者から准組合員まで多様な組合員の参加を呼び掛けることになる。この長期性と多様性に耐えうる説得力ある目的設定が要求される。

最近の合併では期間が短縮される傾向にあるが、対立や意見の相違が十分に調整されないままに合併すれば、合併後の結集力を削ぐことにもなりかねない。島根県では「ケンカは合併前にして合併に持ち込まない」ことを約束したが、至言である。

これまでの合併を合理化する一般論は、第1章でも検討した「規模の経済」論だった。規模が大きくなるほどコストが下がるという論理である。加えて1県1JA化は事業・組織3段階を1段階とばすことにより、重複コスト、とくに事業管理費の大幅な削減が可能になると当然のごとく考えられてきた。加えて協同組合においては協同の輪を拡げることによる組合員一人当たり事業量のプラス効果も期待される。しかし第1章で見たように、正組合員1万人以上を最大層とする「総合農協統計表」の限りでは、規模の経済は認められなかった。

合併効果は、正確には、合併前の農協のコスト・事業の合計量と合併後の1単協としてのそれを比較すべきだろうが、一般的にはそれは難しい。既に第1章の表1－8で正組合員1万人以上を最大階層とする状況をみたが、それ以上の階層について、これまでの10事例を正組合員規模別に並べてみた（表4－1）。少数事例なので、統計と接続できるわけでなくそれぞれの立地条件差が前面にでてしまうが、組合員一人当たり貯金額、正組合員一人当たり販売額、労働生産性（職員一人当たり事業総利益）、組合員一人当たり事業管理費のいずれをとっても、1万人以上の各規模層間での、あるいはそれ以下の階層との間の「規模の経済」は明確には認められない。わずかに部門別損益における正組合員一人当たり営農指導事業赤字（収益をどれだけ営農指導事業に注入しているか）では4万人規模あるいは6万人規模で高い例がみられるが、この額は全国平均2・5万円であり、あくまで相対的な高さに過ぎず、信用

表4-1　合併農協の概要─2017年─

JA名	合併年	正組合員数（人）	総組合員数（人）	貯金額（億円）	販売額（億円）
山形おきたま	1994	19,312	29,961	1,350	211
いわて花巻	2008	22,147	41,209	2,610	234
会津よつば	2016	28,293	46,611	2,860	243
ながの	2016	33,477	65,351	6,335	296
福島さくら	2016	39,050	74,084	6,521	153
ふくしま未来	2016	46,285	94,860	7,156	281
ならけん	1999	47,570	100,072	14,222	181
おきなわ	2002	49,178	141,500	8,839	616
香川県	2000	63,452	139,091	17,434	395
しまね	2015	65,495	231,666	9,857	381

JA名	貯金／総組合員（万円）	販売額／正組（万円）	事業総利益／職員数（万円）	正組合員当たり営農指導赤字（円）	事業管理費／総組合員（万円）
山形おきたま	450	112	701	17,208	13.2
いわて花巻	633	105	854	30,406	13.0
会津よつば	615	86	704	18,371	18.7
ながの	970	88	877	18,866	19.0
福島さくら	880	39	676	14,186	13.0
ふくしま未来	754	61	1,073	24,357	15.2
ならけん	1,421	38	1,060	10,436	16.3
おきなわ	624	125	661	31,698	13.7
香川県	1,268	62	790	30,701	17.6
しまね	426	58	788	22,983	11.8

JA名	自己資本比率（%）	出資金配当率（%）	事業利用分量配当
山形おきたま	12.3	―	
いわて花巻	13.8	1.0	
会津よつば	15.1	1.0	
ながの	19.5	2.0	有り
福島さくら	13.7	2.0	有り
ふくしま未来	13.0	2.0	
ならけん	14.0	3.0	
おきなわ	10.7	1.0	有り
香川県	18.0	1.0	有り
しまね	14.9	1.0	

注：1）職員は臨時を含む総職員
　　2）JAならけんはディスクロージャー2017、その他は2018年度総代会資料による。

事業収益額の大きい都市農協（例えばＪＡ横浜）の方が7万円、北海道のＪＡに至っては10万円超をマークする。

かくして大規模農協についても、規模の経済が明確には認められないという第1章で指摘した状況に変わりはない。

以上の指標に対して、貯金額や販売額の総額は、立地条件差もあるが、概して上層ほど大きいことが、第1章と同様に認められる。県信連等からの奨励金額が貯金額により段階差を設ける（例えば神奈川県信連の場合は、預け金１７００億円の前後で０・１％の差をつける）場合には貯金総額が大きい方が有利になる。販売額もロットをそろえるという意味では有利になろう。

合併の地域性

合併なかんずく1県1ＪＡの地域性をみると、確かに、貯金額や販売額の総額追求が合併の背景にありそうである。

２０１5年の県域貯金総額をみると（総合農協統計表）、1兆円未満は13県にのぼる。このうち1県1ＪＡ構想を打ち出した県（既に1県1ＪＡ化した、めざしたが完全達成できなかった、公式非公式に構想している県）は8県（6割）に及ぶ。それらは福井県を除きことごとく西日本である。

他方で、東日本でも1兆円未満が5県に及ぶが、山梨・福井を除く、青森・秋田・山形は販売額１０００億円前後の農業大県である。

以上から、1県1ＪＡ化は、県域貯金額が1兆円未満で県域販売額も相対的に少ない西日本にとどま

表4-2　地域別に見た総合農協1組合当たり事業額　単位：億円

	貯金額	販売額
北海道	296	96
東北	767	77
関東	1,793	54
北陸	785	32
東海	3,410	60
近畿	2,558	33
中四国	1,222	39
九州	1,025	109
平均	1,326	64

注：1県1農協を除く。

るといえる。東日本では県域貯金額が少なくとも販売額が大きく、かつ東北では前述のように県信連をもたない県が多く、1県1JA化で県信連を包括承継するメリットも乏しい。そこで敢えて1県1JA化しようとすれば、その代償（反作用）も大きくなるのではないか。

にもかかわらず東日本もまた西日本と同じ金融情勢や人口減少の下にあるとすれば、県内一桁（前半）JAへの合併の可能性があり、本書でも第3章でいくつかの事例をみてきた。

表4－2に農業地域別の1JAの平均事業量を示しておいた。これをみると、事業量が最も少ないのは北陸である。北海道は貯金額は少ないが販売額は九州と並びトップである。東北も貯金額は北陸並みだが、販売額に倍の差がある。

北陸内では新潟県が貯金額・販売額ともに多く、JA数も多い。経験則的には米依存度の高い地域では合併は進まない。東北も米依存度は高いが、脱米作・園芸作化が合併の背後にある。かくして北陸3県（福井を除く新潟、富山、石川）の動きが注目されるところである。

より現実的な合併理由

しかし、このような「大きいことはいいことだ」の論理が仮に合併の理由とされるとしても、それがどれだけ説得力をもつかは不明である。反対に、組合員にとっての利便性、親近性は規模に逆比例する可能性が強い。それは協同組合としては決定的なマイナスにもなりうる。にもかかわらず組合員が合併に同意せざるを得ないのは、規模の経済と言った一般論ではなく、もっと身近で切実な理由によってであろう。1県1JA化の事例を振り返ると、それは次のようである。

第一に、奈良、香川県の場合は県域が狭く1日経済圏としての共通性があり（奈良県も人口集中地域は固まっている）、大きな地域差を含まない。加えて合併前の旧農協数が多く（当時としては普通だったが）、突出した力のある農協がみあたらず、県中央会が合併の音頭をとりやすい条件があった。

第二に、沖縄は破綻農協救済であり、全国支援を受けるには合併が至上命令であり、そして合併は1県1JAしかなかった。黒字農協の反対は極めて強かったが、黒字農協にしても「破綻農協を見捨ててもいいのか」という声には反論不能で、「大同団結」という「オール沖縄」DNAが働くことになった。

このような破綻救済の面はJAいわて花巻、JAながのにも程度の差はあれ見られた。

破綻救済は、累積負債にかぎらず、福島県のような東日本大震災・原発事故のケースにも共通する。結果的には、甚大な被害を受けた農協は補償金や共済金の支払いで信用事業面では他農協より優位になり、その面での「破綻」ではないが、営農再開の困難性という点では致命的な打撃を受けた。

第三に、中山間地域の多い島根県は、過疎化の進展で農協が消えかねない地域の出現が予測されるなかでの「足元の明るいうち合併」だった。今後は、このような合併事例が増えるのではないか（1）。

「足元の明るいうち」というのは、当面は赤字化していなくても、いずれはそうなるという見通しであり、そのことは後述する農林中金の奨励金利率ダウンにより、より確実になった。表4－3にみるように、農業地帯別には中山間地域の1JA当たりの貯金額や経常利益等が最低であり、矛盾は中山間地

表4-3　農業地帯別にみた総合農協の姿（1組合当たり、2015年）

	正組合員（人）	准組合員（人）	合計（人）	貯金額（億円）	販売額（億円）	経常利益（百万円）
都市	2,316	13,429	15,746	2,540	3	775
都市的	7,154	13,682	20,836	2,124	45	557
中山間	6,306	5,525	11,831	824	61	240
農村	6,589	7,107	13,695	1,185	83	357
計	6,464	8,654	15,117	1,403	66	402

	組合員当たり貯金額（万円）	正組合員当たり販売額（万円）	組合員当たり経常利益（千円）	正職員当たり事業総利益（万円）
都市	1,613	13	49	1,340
都市的	1,019	63	27	1,428
中山間	696	97	20	772
農村	865	126	26	878
計	928	104	27	908

注：「総合農協統計表」による。

域に集中すると思われる。

しかし現時点で「足元が明るい」すなわち累積債務等がないということは、それだけ合併の緊急度を欠くことになり、そこで敢えて合併しようとすれば、単協や組合員を納得させるためにそれなりの措置を取らざるを得ない。それが**2**で見る地区本部制である。

以上をふまえて現在打ち出されている合併構想をみると、県域が広く、異なった経済地帯を含み、いくつかの産地農協(2)が健在な県においては、1県1JA化はなかなか困難だと言わざるを得ない。そのなかで可能性が高いのは前述の第三のケースである。

合併の成否

合併が説得力を持つには「高位平準化」しかない。たんなる平準化や、いわんや低位平準化では、「合併で得をする」農協が少なくなり、合意を取り付けにくい。平準化の基準は立場により異なる。組合員からすれば出資配当率、利用高配当の有無、有利販売のチャンス、手数料や資材価格の引下げ等であり、職員からすれば給与や就労条件等になろう。

このうち賦課金や手数料、資材価格等を低い方に平準化した場合、あるいは出資配当率等を高い方にあわせた場合、その水準が経営力と乖離した場合には、長らく農協経営を圧迫することになりかねない。

このように指標には様々あるが、仮に、貯金額や販売額の多寡で合併に参加する農協を「高位」と「低位」にわけると、合併が高位平準化を建前とする限り、合併とは「低位」の農協を「高位」の農協の水準に引き上げることであり、一般的には「低位」の農協には引き上げ効果が働き、「高位」の農協は必ずしもそれを実感できないことになる。

そこから、まず「高位」の農協が合併から離脱する傾向がみられる。

例えば2014年に3JA構想が打ち出された宮城県の場合(3)、結果的には、北東部4JAの合併構想から2JAが離脱、中西部5JAから2JAが離脱し、原形が残るのは北部5JAの構想のみである。結果的に販売額100億円以上の上位4JAのうち4JAが離脱、貯金額1000億円以上の5JAのうち4JAが離脱(JAには重複がある)である。

以上のことを言い換えれば、広域合併は、そのエリアのトップJA(のリーダー)が旗振り役にならなければ、なかなか成功しないということである。そして旗振り役はJAにせよ県中にせよ、組織(組合員)代表である必要がある。なかには合併反対のJAのトップが県組織のトップに持ち上げられ、反対困難になる例もある。また被合併JAのトップには、職員(いわゆる学経)からもちあがったトップの方が合併に動きやすい傾向がある。

合併が高度に組織的な行動であり、株式会社と異なり、その組織が組合員組織である以上は、プロモーターづくりの独自の人事的配慮が働くと言える。

2　経営組織の組み立て

県連組織と単協

1県1JAと広域合併の決定的な相違は、前者が県連と単協との統合、県連組織の単協による包括承継を伴いうる点である。組織・事業二段階制の追求は、県連を全国連に包摂する「上から路線」と、県連を単協が包括承継する「下から路線」の二つがありうることを1県1JA構想は具体化した。その対立が表面化することにはなっていないが、県連なかんずく信連の財産と人材をどちらが包摂するかは大きな違いを生むことになる。

これまでの経験では、ほぼ、厚生連は制度上も存置、中央会は監査や経営指導（監視）機能を残して大幅縮小、全農県本部は県内事業について単協移管、信連は包括承継が多い。信連については単協化すると不能になる機能（外貨建て運用等）もあるので、信連が果たしている機能との関係が問題になるが、会員が1になれば遅かれ早かれ包括承継の方向にあろう。

なお、1県1JAに至らず、いくつかのJAが残る場合、全農県本部については、当面は合併しないJAは脱退してもらい、新JAがその機能を承継するかたちがとられたが（例えばJA香川県やJAさが）、県信連を新JAが包括承継するには県内全JAの参加が不可欠である。逆にそのことを理由にして全JAに合併を促すこともありうる（JAしまね）。

さて包括承継がなされたとして、次に県連の人材等を単協がどう位置付けるかが問題になるが、県連役職員の多く（ほとんど）は本店移籍となるようである。そうすると〈県連―単協〉の組織間関係が、〈本店―支店〉の組織内関係に下方スライドすることになる。県連役職員が培ってきた能力・識見には高いものがあり、彼らによる経営者支配を強めることにもなりかねない。新ＪＡの幹部人事について県連出身者と単協出身者のバランスを配慮した適材適所の特別の工夫が必要である。そのためには人事異動、賃金等の格差是正、採用人事の一本化等が不可欠だが、時間とともに人事も新陳代謝し、新たな関係が生まれていくと思われる。

県連職員が単協に移籍するに当たっては、新たに信用・共済事業の「推進」業務が加わることになる。地元に縁者・知人がおらず慣れない業務には戸惑いもあろう。業務内容も高度専門化するなかで専門職を中心にするなど、業務改善の契機にしたい。

地区本部制

今日の合併は多かれ少なかれ信用事業を意識したものであり、信用事業を主軸としたものにならざるをえない。しかし信用事業に適正規模が見いだされないとすれば、ある意味で無限大で、規模を画するのはガバナンス能力次第ということにもなる（共済事業は同一商品を扱う点では広域化可能に見えるが、同事業は人と人の繋がりに依拠する面が多く、その点では大規模化・広域化が必ずしもプラスとはいえない）。

それに対して作物産地は古くからの自然的歴史的な地域のまとまりを踏まえて形成されてきたのであり、その広がりはせいぜい市町村から郡規模の程度になろう。

このような相違を踏まえると、広域合併農協の事業組織は、信用共済事業の集権化と営農指導事業等の分権化をどうまく一つの組織にまとめるかにある。結論的には、信用共済事業を〈本店─支店〉で直結させつつ、営農指導事業については旧農協、営農センター等を核とした、エリアごとの展開ということになりそうである。

しかし合併とともに直ちにそのような体制に移行することはできない。合併への反対や危惧は根強く、旧農協が全く消えてしまうと組合員・利用者も混乱する。そこで旧農協の連合体制から新農協の統合体制への移行期・過渡期における中間組織をどう設計するかが具体的な課題になり、旧農協や郡単位程度の地区本部制（名前はさまざま）を中間管理組織として置くことになる。要するに、これまでの組織・事業三段階制（全国連─県連─単協）が、これまた組織内三段階制（本店─地区本部─支店）に移行することになる。

地区本部は常任理事等の組合員代表をトップに置き、地域間の競争とフリーライダー防止のため「独立採算制」と称して地区本部ごとの収支計算を行い、その結果としての計算上の当期剰余金等を目安として一定の「還元」を翌年度に期中配分する等の措置も取られる（JAしまねに典型的）。

しかし地区本部の自立性が高いほど、本店の指揮命令系統は地区本部までとなり、支店にはとどかず、あるいは地区本部で濾過・屈折されて支店に伝達されることになる。それをもって地域分権的と捉えるか、地域性、ひいては「地域エゴ」が色濃く残り、統合メリットを追求するはずの合併が地区本部連合体の形成にとどまるとするかは、評価の分かれるところである。地区本部が重いと、それが公認会計士監査の監査対象単位となり監査費用を嵩ませることにもなりかねない。

取り上げた事例では、地区本部は過渡期的な存在とし、地区本部トップの組織代表から職員への変更、地区事業本部からの事業（権限）外し、最終的には信用共済事業については〈本店―支店〉関係に移行することになる。その場合にも「取りまとめ支店」や「統括支店」等がおかれ、一定の地域取りまとめ機能は必要とされる。

多くの合併事例でいちばん苦心し紆余曲折を重ねるのはこの点であるが、ならば、はじめから〈本店―支店〉関係にすればいいではないかとなると、決してそうではない。合併しても組合員の利便性や親近感が保たれる、旧農協が追及してきた特色、営農指導体制、積み上げてきた資産、そのうえにたつ収益性等がそれなりに尊重されることが前提となって合併が合意されたからである。また地区本部にそれなりの権限とインセンティブを与えないと、良い意味での競争関係が薄れ、もたれ合いになりかねない。

今日の広域合併は、地区本部的な措置がなければそもそも合併が成り立たなかった、しかし地区本部制のままでは統合メリットは発揮できない、という矛盾を抱えている。それが地区本部制の過渡期的存在を規定する。

そこで課題としては、過渡期的措置と最終的な形の双方の合意、過渡期的措置をゴールにソフトランディングさせるための制度設計と努力が必要になる。地区本部の存否は統合化・集権化の進展と不可分であり、また分権化の要請との兼ね合いがあり、その扱いのバランス、タイミングを見極めることが大切である。

なお、合併後に不祥事を経験した事例は多く、なかにはＪＡ山形おきたまのように、そこからの再建に10年を要した深刻なダメージもある。不祥事が合併農協に多いのか、合併に関わらず起こるのかは、ヒアリングでは踏み込めなかった。しかしながら、広域合併に伴うめまぐるしい組織再編や、本店―支店間の距離拡大に伴って、組織のどこかに（多くは小さな支店に）隙間が生じ、眼がいきとどかなくなる可能性があるとすれば、合併と無関係ではないかもしれない。中間機関をどのように設計し、職場の風通しが良く、相互の眼がいきとどくようにするかが課題である。

支店再編

支店については、合併に際して支店を減らすとなると合併そのものが成り立たなくなる恐れもあるため、合併時には支店の統廃合は行わない約束のもとに出発するケースが多い。そうであれば、第一に、合併前に支店の統廃合をすませる、第二に、合併の統合効果を追求していく過程で支店統廃合に手をつけるという事前・事後対策がとられることになる。従って、合併に当たっては、合併時にどうするかだけでなく、中長期計画としてどうするかの二重の計画づくりや約束が必要である。

信用共済事業については、ＩＴ技術が店舗を不要化するという見通しのなかで、メガバンクが店舗大幅削減を打ち出し、支店（店舗）統廃合の趨勢にあるが、農協は何よりもまず地域密着業態であり、准組合員も増えていく中で、地域金融機関（身近な金融機関）化の方向は堅持すべきとすれば、支店をどう位置付けるかの検討が不可欠である。あるＪＡで准組合員へのアンケートで「あなたにとってのＪＡとは」を尋ねたところ、「身近な金融機関」が最多だった。それはたんなる金融機関としてしか見ていないということではなく、「身近な」に力点があると見るべきである（とくに交通弱者にとって）。

また、農協は地域密着組織であり、その物的拠点は支店であり、支店エリアは同時に組合員の結集エリアでもある。ほとんどの事例で、支店運営委員会を組織し、また取りまとめ（統括）支店単位に支店運営委員会の代表からなる地域運営委員会等が設けられ、いずれも正准にかかわらず委員になれることになっている。事業効率性だけでなく組合員の声の結集・反映の場としての支店のエリアをどう設定するかが、ますます重要な課題になりつつある（後述）。

労働条件

農協に働く者としては、就職当初には想定しなかった職場や処遇の変化であり、最も関心の高いところである。

とくに1県1JA化にあたって変化の大きいのは県連職員だが、少数者を残して中央会職員は本店管理部門、経済連関係は本店営農経済関係、信連は本店信用部門への異動となった。移籍した職員は、前述のように単協職員が取り組んできた貯金や共済の推進業務が新たに加わることになり、労働条件は新単協に合わせることになる。

基本給等は原則として現状維持が多いが、ボーナスは旧JAの成績により多寡があるので、好成績単協の出身者が減った例がある。基本給等がいつまでも旧組織のままだと人事交流の妨げになり統合効果を生まないので、4～5年かけて統一することにしている。また新規採用に当たっては県域（総合職群）と地区本部（地域色群）に分ける場合が多い。

要するに労働条件については大きな変化はないというのが建前であるが、細かなところでの変化は多々ありうることで、その詰めは労使間の交渉マターになろう。

職員数については、全国支援を受けて削減を条件づけられた事例を除けば、一般的には合併に当たり人員削減ということはない。しかし、そもそも合併は事業管理費の削減を大きな目的としており、事業管理費の大半は人件費なので、合併時の変更がなくても、合併後に早期退職制度、希望退職制度を取り入れたり、定年退職不補充等の採用調整は十分にあり得る。合併後の農協における業務のあり方、合併後ＪＡの職場や業務遂行の雰囲気になじめず退職していく者が多く、１００名のオーダーでの退職者を出している合併もみられ、その跡を埋めなければ、結果的に人員削減が実現され、残る職員への負担は過重になる。

問題は実績である。そこで表２−１、２、３に事例を掲げておいたが、ＪＡならけんについては合併時（１９９９年）よりトータルで２割減、仮に99年の数字を正職とすれば、それは４割減になる。ＪＡ香川県の場合は正職が合併時の78％、臨職が１３８％で、トータルでは維持になる(4)。

第３章補論で取り上げたＪＡ山形おきたまは、合併後に子会社に移籍させたり、大きな不祥事によりリストラを断行したため、正職（常勤嘱託を含む）が合併時（１９９４年）の１２００名から半減している。ＪＡおきなわは全国支援の条件として６８９名の定員削減を求められたが、定年退職と早期退職（退職金３割積み増し）で対応し、とくに反対はなかったものの、残された職員の負担は大きいものがあった。現在は元に復しており、減らし過ぎたという感ももっている。要は、合併時の条件を詰めることもさることながら、合併から３年、５年、10年後の計画（見込み）を明確にし、それへの対応を考えることである。

3 ガバナンス

理事会か経営管理委員会か

経営管理委員会制度は、住専問題処理を受けて、1996年の農協法改正で導入されたもので、業務の基本方針の決定、重要財産の処分、理事の選任を行い、日常的な業務執行はせず、理事会に委ねるものである。建前としては経営の遂行（理事会）と経営の監視（経営管理委員会）を峻別することで監視機能を高めることだが、実態的には、農業のプロではあっても企業経営の素人である組織代表理事を、信用事業をはじめ高度に専門化した企業業務から外して、経営プロ（職員あがりの実務者、いわゆる学経）に任せ、彼らが迅速果敢な意思決定・業務遂行を行うことに主眼がある。経営機能と経営監視機能が混在していた日本流の協同組合ガバナンスに対して欧米流の分離方式を取り入れたもので、経営監視機能を独立純化させるとともに、理事会の「経営者支配」を促す方式である。第2章第1節の4で、JA香川県での検討結果をみたが、経営管理委員会のメリットとしてあげられていることの多くは、実は理事会制の「メリット」だった。

1990年代末から2000年前後の農協合併等に際しては、農水省は、全国支援の必要、不祥事の発生等の関与の「チャンス」あるごとに経営管理委員会制度の採用を強く迫り、当時の1県1JAは同制度を採用することになった。

同時に、1県1JA化によって、組織が一挙に巨大化・広域化したこと、県連役職員が本店や経営幹部に異動・登用されたといった事態に経営管理委員会制度がマッチしていた面もあろう。1県1JA化は連合会の単協化の一面をもつが、連合会が法制上、経営管理委員会制度をとっているなかで、それを上回る規模の単協が経営管理委員会でなくていいという論理は、行政として取りにくい面もあろう（現在の農水省は表立って主張していないが）。

しかし２００１年にＪＡバンク法が制定され、ＪＡバンクシステムが新たなガバナンスとして登場するとともに、経営管理委員会制度の勧めも弱まっていったようにみうけられる。広域合併に伴う単協の自己完結性の強化、そのガバナンスとしての経営管理委員会方式だったが、大きくなっても自己完結性など得られないことが分かったためともいえる。経営管理委員会制をとったから経営監視機能が高まったともいえず、そもそも個々の不祥事等は経営管理委員会の及ぶところではなかろう。

このような経緯を踏まえてか、経営管理委員会制度が押し付けられることもなくなり、同制度を採用した農協の一部（ＪＡ山形おきたま、今回の合併前のＪＡ新福島）も実践の結果、理事会制度に復した。

経営管理委員会の検討

経営管理委員会制度を採用したところでは、迅速果敢な意思決定ができ、ビジネスチャンスを逃すことが減ったことが指摘され、理事会に復した1県1ＪＡはない。他方で、その問題点として、組合員側からは、組合員の意思が十分には反映されない、組織代表が執行権をもたないのはおかしい、といった自己決定権はく奪への不満、また経営側からは、委員が日常業務に口をだそうとする、二度手間でコストが増える、といった不満もある。

1県1ＪＡによっては、当初は理事会案がことごとく否決されるといった事態もあったが、運営していく間に審議事項が整理され、双方とも理解も進んだという経験もある（JAおきなわ）。

また組織代表が委員になることから、地域利害の対立になりやすく、全県的な視点から本来の経営監視機能を強めるべく選挙区を広域化する例（JA香川県）もある。確かに経営監視は委員会の本来的機能であるが、同時に組織代表としては地域の意見を反映させる任務があり（総代とは代表度が異なる）、一方に割り切るのは問題である。本来の地域代表である総代との任務の整理・分担も課題になる。

平成合併は信用事業を軸にしたそれであり、かつてない広域化をもたらす。そのような専門性や広域性に即したガバナンスのあり方は一概に一方を良しと割り切れない。JA山形おきたまは経営管理委員会から理事会に復すると同時に、組合長・副組合長は組織代表、実務を仕切る専務・常務は職員出身という整理で、ある意味で両制度を組み合わせている（JA会津よつばは理事会制を採るが、以上の配慮をしている）。いずれを採るにしても時々の見直しが必要である。

結論的には、県連等を取り込まない合併、要するに単協レベルの場合は、経営管理委員会制度を採用する必要はない。しかしながら1県1JA化は、県連組織よりも大きな組織を作ることであり、そのガバナンスのあり方として経営管理委員会は検討に値し、現実的課題はその仕組み方だと言える。

4　営農指導体制と部会組織

営農経済センターを拠点に

営農指導事業については集権化はなじまず、どの合併においても地域における営農（経済）センターの一定の自立性を認め、営農指導員等もそこに配置している。それは信用事業を軸にした平成合併の弱点をカバーするものといえる。営農センターは、前の前の合併時の農協（多くが今日の支店）、あるいは前の合併後の農協（多くが今日の地区本部等）ごとの設置が多い。

広域合併は、信用事業対応のみならず、共通する作目あるいは複合経営化作目について広域指導による技術の高位平準化をめざし、高品質作物のロットを拡大し、競争力を高めるところに今一つの目的がある。そのためには広域営農指導が欠かせない。営農センターをどの範域で設立（再編）するかは合併農協の大きな課題であり、営農指導分権化の具体像の摸索が必要である。

多くの合併に当たっても分荷権は本店担当部署が握り、マークや段ボール等も統一しているが、分荷権の統合が実質的にどこまで貫徹しているかはさまざまである。その物的基礎には集荷場があり、人的基礎には作目別部会組織がある。従ってそれらの統合が不可欠だが、これまた資金や産地の歴史的形成と相まって難しい課題だと言える。

いずれにしても広域農協への統合を一挙に強めようとするのではなく、まず営農センターごとの結集を強めること、とくに支店単位の営農センターをどう位置付けるかを検討することが課題である。

作目別部会組織の統合

合併に当たっては、営農経済センターとともに作目別部会組織をどうするかが大きな課題になり、現実にはどの合併でも作目別部会の統合はなされていない。産地を底辺から支えるのは農協の原点である集落ごとの共販組織であり、作目別部会はその系譜を引き継いでおり、簡単に統合できるものではない。

同時に、合併の一つの目的は前述のように、広域営農指導体制を構築し、旧ＪＡ間の技術・品質を高位平準化し、高品質作物のロットを拡大し、有利販売を強めることであろう。その追求の典型が第3章第3節のJAながのである。旧農協支店単位の小さな部会組織が「おらが市場」ということで排他的になったり、新規就農者や共販組織外販売を行う者を排除したりしたのでは、産地の維持発展は望めない。支店単位の集出荷・選果場をより広域化することにあわせて、部会組織も広域化していくことになるのではないか。

5　合併の成果

合併から20年――JAならけん、香川県、おきなわ

合併は成果をあげているか、所期の目的を達成したかの判断は、合併間もない農協が多いこと、2000年前後の合併の場合も、固有の合併効果とこの20年弱の全体の推移の影響とを分けることは不可能である。既に個々のJAの20年については表2－1、2－2、2－3について各節でみたところであるが、大まかな傾向を繰り返しておく。

第一に、正組合員は7～8割に減ったが、准組合員は4～6割伸び、トータルではほぼトントンか1割程度伸びた。これは全体の推移の反映だろうが、合併は准組合員増への対応であるとも言える。

第二に、長期共済保有額は3分の2～2分の1に落ちたが、貯金額は3～4割伸ばした。ほぼ准組合員増に見合っている。合併は端的に貯金増をもたらした。しかし、この点を第一の組合員の増減と関係させると、貯金は伸びるにもかかわらず、正組合員が減り、それに伴い出資口数が減っていけば、自己資本比率は高まらず、いよいよ強まる金融規制に対して脆弱になる。

組合員対策、とくに出資口数の少ない准組合員に関する対策がここでも欠かせない。

第三に、購買額は大きく減ったが、販売額は８割をキープした。これは全国農協平均とほぼ同様である。主産地県とは必ずしも言えないまでも、農業生産の後退、農協共販の弱体化をかろうじて食いとめたと評価しうるのではないか。

ＪＡおきなわは県全体の農業産出額の伸びに対応して、ＪＡの販売額を１・４倍に、正組合員一人当たりの販売額を１・６倍に伸ばしたのが特筆される。ＪＡの努力ももちろんあるが、地域全体の農業の伸びに規定されると言える。と同時に、表示は略したが、沖縄県の年々の農業産出額、従ってＪＡ販売額の変動は激しい。自然災害によるものである。その点を克服しつつの伸び傾向である。

第四に、職員数については、正職員の６〜７割への減と、臨時職員の１・５倍増で総数を８割程度への減に抑えているといえる。ＪＡおきなわについては、先の販売額の伸びに対応して職員数も一時は減らしたものの、何とか出発時の水準を保っている。ただし、ＪＡ香川県、ＪＡおきなわともに職員に占める臨時職員の割合が35〜40％近くを占めるようになってきている。両ＪＡとも労働生産性は８〜９割の水準に下がっているが、そのことと臨職依存の強まりが関係しているのか。

以上、合併の積極的な効果を具体的に指摘することは難しいが、合併しなければ存続困難に陥ったかもしれない農協を包摂存続させたという「守りの効果」は指摘しうる。とくに離島の多い沖縄にあって、合併を通じて離島の農協を存続させ、島のサトウキビ畑や生活をまもってきたことは、ＪＡおきなわに言わせれば国境防衛の効果でもある。そのような沖縄の経験が、今後はとくに中山間地域に拡がっていくのではないか。そのことをＪＡしまねの合併は示している。

なお本書で合併から最長期間を経ているのは第3章補論で取り上げたJA山形おきたまである。合併10年で大きな不祥事に遭遇し、そこからの立ち直りに15年を要した。今や同JAは次の飛躍に向かおうとしているが、不祥事による落ち込みからの脱却が厳しいリストラを伴っただけに、次のステップに進むには、その修復が課題になる。

この間に同農協の販売額は300億円から200億円に減っている。それはもっぱら米価の低下によるものである。米作地帯の農協の苦しさが端的に示されている。第1章で、90年代後半以降の東北農協の合併の進展（表1－4）の理由を「不明」としたが、金融自由化と並んで米流通自由化への対応がそこにあったのかもしれない。

合併から10年――JAいわて花巻

そのような東北で合併10年を経たJA花巻の事例については、既に第3章第1節の末尾で小括した。

第一に、准組合員数の伸びが弱いことから、正組合員数の減少をカバーできず、貯金は1・25倍に伸びているので、前述のように自己資本比率を落とす傾向にある（直近でも2015年度の14・12％から2017年度の13・75％へ）。組合員対策が重要である。

第二に、販売額は米が3割も減り、畜産の伸びでカバーしきれず15％ほど減っている。東北に共通した傾向であり、米の減を畜産や園芸作でカバーする、そのために合併による広域営農指導や集出荷施設等の再編が有効かが問われる。

第三に、同JAは合併に並行して農家組合の再編を追及した点が特筆される。ただし、それとともに准組合員対策の意識的追求を行うことが、第一の点との関連でも必要である。

６　農家（生産）組合問題

農協の上部構造は合併で広域化しても、地域密着組織、とくに「むら」という伝統的コミュニティに依拠した農協の基礎構造としての農家（生産）組合は不変のはずである。合併で農協と組合員の間が遠くなると言っても、農家組合がしっかりしていて総代や理事の選出機能をもち、それらを通じて、あるいは集落座談会等を通じて農協につながっていれば乖離は生じないはずである。

しかし現実には合併、非合併に限らず、この土台がガタガタになっている。広域合併、とくに１県１ＪＡ化のヒアリングにあたり、その点への問題意識を欠いたためにヒアリングに及ばなかったが、実際にも話が出てこないということは、とくに１県１ＪＡは、旧ＪＡをどうするかに焦点がおかれ、旧ＪＡの基部にある農家組合には関心が及んでいないことを示唆する。

しかし、これまでの合併農協のいくつかは、この問題を強く意識している。

例えばＪＡ松本ハイランドは２００５年から農家組合活動に１年目７万円、２年目３万円、３年目５万円を助成し、くらしの専門委員会と信用専門委員会を通じて、食農教育、福祉、健康管理、農閑期健康教室、休耕田利用の里いもづくり、親子収穫体験、伝統のしめ縄づくり、料理教室等に取り組んでいるが、多くのＪＡが適切な対応策を見出し得ないでいる。

合併と農家組合再編を並行させた事例としては先のＪＡ花巻があげられる。

第2節　新たなビジネスモデルへ

1　奨励金利率引き下げのショック——平成合併の歴史性

農中の奨励金利率の引き下げ

２０１８年４月27日の日経新聞一面に「農林中金、預金金利引き下げ」の記事が載った。農中が信連やＪＡに支払う「奨励金」を「２０１９年春から３年かけて現状の０・６％程度から０・１〜０・２％圧縮する案が有力だ」とするもので、かつ農中は奨励金を、これまでのような〈貯金―融資〉額ではなく、貯金額に連動させる新たな仕組みを導入するとし、農中が奨励金の仕組みを変えるのは信連等への預金金利を自由化した１９９２年以来となる、とした。貯金連動は、農業融資の促進（農業等への融資を増やしても奨励金は減らないようにする）を狙う点で、「政府の農業改革の目的と合致する」といえるが、経済合理性に欠ける。

また同日五面の関連記事で「全国農協　再編加速も」、「大規模化で体力強化必要」と報じている。要するに合併である。

その後、７月３日付け朝日新聞が、農中の新理事長インタビューとして、金利（奨励金）を「来年３月から４年かけて、現在の平均約０・６％から０・１〜０・２ポイントほど引き下げる方針を示した」と報じ、「ＪＡの再編が増える可能性がある」とした。日経報道とは３年と４年の違いのみである。

実際には、県信連等から農林中金への預け金のうち基本部分（預け金の半分程度か）に対する奨励金については、①現行０・75％から４年かけて年０・05％づつ引下げていき、２０２２年度には０・55％

とする。②利用高配当（現行０・05％＋α）は、２０２０年度より、定率０・05％を廃し、完全実績配分（αのみ）とする。③両者合わせて定率部分を現行０・80％から０・55％に引き下げる（31％の引き下げ）。ただし基本部分を上回る預け金の奨励金利率（０・１％）は据え置かれるので、奨励金総額の引き下げ率は③よりやや小さくなる(5)。

引き下げられた水準は今日の低金利下では相対的にはなおかなりの高率であり、またこの引下げが県信連からＪＡへの奨励金利率にストレートにつながるわけではなく、たとえば神奈川県信連は３年間は据え置くとしているが、いずれは反映することになる。

奨励金利率引き下げの背景と意味

農中は、アメリカの金利引き上げによる調達コスト増から２０１７年度の経常利益を前年度より２割下げたが、なお中期経営計画（２０１６〜18年度）の経常利益目標１５００億円を上回る利益（１７１０億円）をあげており、このような短期的な変動から構造的仕組みを変えたとは考えにくい。しかしながら長期的に見れば、第１章第２節で紹介した農水省の「農林中金の運用環境は厳しく還元水準は低下」の見通しが現実のものになったということである。とくに海外で低利の短期資金を調達して高利で長期運用するこれまでのビジネスモデルは継続不可になった。

奨励金利率（還元金収入）の３分の２への低下は、第１章第２節で紹介した、農協「改革」の脅しとしての准組合員利用規制とほぼ同じ効果をもつ（貯金に占める正組合員の割合が35％のＪＡが、准組合員の利用を正組合員の利用額の２分の１に制限された場合の貯金額の減少率にほぼ等しい。32頁参照）。

そもそも政府の農協「改革」のゴールは信用事業の代理店化だった。奨励金利率の引き下げは、代理店化を選択した方が得という判断を生むかもしれないが、それは代理店化した場合の手数料にも跳ね返るだろうから、ＪＡが二者択一を迫られる（代理店化を選ぶか准組合員利用規制に甘んじるか。ただしより低位の利率水準で）事態は変わらない(6)。

しかし准組合員利用規制と農中の還元利率引き下げのＪＡにとっての意味は決定的に違う。前者は、官邸の政策選択であり、その恣意だった。そして政治の恣意に対するＪＡの「反対」には大義があった。

それに対して農中の奨励金利率の引き下げは、第一に、ゼロ・マイナス金利の金融緩和から日本だけが抜け出せない状況、第二に、農中の国際的な運用環境が厳しくなるといったグローバル経済に連動した経済行為である。第一の点はアベノミクスの異次元金融緩和から始まったという意味では政策選択だったが、そこから日本だけが脱却の道を見いだせない状況（出口なし）は日本経済のあり方に深く根ざすものといえる(7)。このような内外の経済情勢に起因する奨励金利率の引き下げについては、恣意的政策への「反対」と異なる次元での対応を要する。

要するに、政治圧力としての農協「改革」（外圧）から、経済圧力としての農協改革（内圧）への内製化であり、真の改革が問われることになる。

２　新たな課題――ビジネスモデルの転換

高度成長期ＪＡビジネスモデルの終焉

問題は奨励金利率の引き下げがどう作用するかである。日経や朝日新聞は、そこからさらなるＪＡの大規模化、すなわち合併を予測する。貯金総量を拡大することで、奨励金利率が下がることによる減収をカバーするという意味では（小農が価格低下を生産量増で補おうとするように）、確かに合併促進効果をもつだろう。

他方では、奨励金利率の引き下げにより、農協は信用事業依存度を引き下げなければならなくなる。その意味では貯金総量の拡大を求めてきた平成合併の動きに反省を迫る方向にも作用しうる。

いまＪＡは、このような選択を迫られている。そのためには今日の奨励金利率引き下げの農協にとっての歴史的意味を問う必要がある。

第１章で見たように、高度経済成長期以来の農協のビジネスモデルは、次のようなものである。

①貯金額が一貫して伸びていき、その農村の金余り状況とＪＡ独自の運用能力の限界から（下手に運用すればリスクを増大させる）、集めた貯金のより多くを余裕金として県信連に預金する。第１章の表１－２にみるように、１９７０年代後半から農協はほぼ一貫して貯貸率を落としてきた。とくに80年代のそれが著しかった。言い換えれば、県信連からの奨励金への依存度を強めた。いってみればＪＡ信用事業と言ってもその大宗は県信連への繋ぎ機能でしかなかった。

②そして経常利益において、ますます信用事業依存（言い換えれば奨励金利率依存）を高めた。同じ

く第1章の表1−2で、信用事業は、1995〜2005年は首位を共済事業に譲るものの、長い目で見れば農協の収益を支える大黒柱だった。よく言われるように、総合農協は、信用・共済事業の黒字で、経済事業、生活事業、営農指導事業の赤字を補てんする経営構造である。本書の事例JAの経常利益の構成は、それぞれの箇所で示したが、全国平均で2015年をみれば、経常利益＝100とする構成は、信用事業96・5％、共済事業55・8％、経済事業▲5・7％、生活事業▲6・3％、営農指導事業▲40・3％である。経済事業も一桁台だがマイナス、とくに営農指導事業の事業収益はほとんどないので、専ら信用・共済事業に依存することになる。

以上をまとめると高度成長期以来の農協のビジネスモデルは「県信連等からの奨励金で稼いで農業関連事業なかんずく営農指導事業の赤字を補てんする」ものだったといえる。いささか戯画化して言えば、「信用・共済事業に伴うサービスとして経済・営農指導事業を行う」ものと言える。その虎の子の信用事業がグローバル化・金融自由化の中で厳しくなるなかで、金利低下を貯金総量の増大で補うために行ってきたのが平成合併だった。

新たなビジネスモデルへの転換

つまり平成合併は、「高度成長期ビジネスモデル」を継続するためのものといえる。もしそうであれば、今回の奨励金利率の引き下げへの踏切りは、今日の広域合併にも「ちょっと待った」をかけるものといえる。合併構想を一度立ち止まって再検討する必要がある。そして今回の農協の自己改革もその再検討に活かしていく必要がある。

信用事業への収益低下への直接の対応策としては、多くの合併がペンディングしてきた支店統廃合に改めてチャレンジすることだろう。合併後ＪＡは既にその課題に取り組みだしているし（たとえば第3章第3節4のＪＡながの）、今後合併予定のＪＡは、これまでのように合併に伴う支店統廃合はなしの方針ではなく、合併と前後して支店統廃合に取り組む計画になるかもしれない。しかしそれは従来のビジネスモデルの延長での取り組みであり、既に相当の支店統廃合をしたうえでのそれは地域密着業態としてのＪＡの命取りになる危険性もある。

となると根本課題は高度成長期モデルそのものからの脱却ではないか。農水省によれば（２０１４年度）、経済事業が赤字のＪＡは8割に及び（北海道は38％）、そこからの脱却は極めて厳しいが、そのゴールを准組合員の位置づけと関連させて考える必要がある。

これまでの信用事業に依拠したビジネスモデルは准組合員の利用も含めて得られた信用・共済事業の利益を経済事業・営農指導事業（プラス生活事業）の赤字補てんにつぎ込むものであった。しかるに准組合員はＪＡにおける議決権をもたない。つまり自分も貢献した収益の使途決定に関与できない。これは経済民主主義に反する。たんに金利の授受だけなら、銀行の顧客と変わらない。そこが規制改革（推進）会議等が突いてくるＪＡのアキレス腱である。

ならばどうするか。第一に、准組合員が収益の使途決定に関与できる仕組みづくりが必要である。それが第1章で既に提案した、議決権の4分の1を限度として准組合員へも議決権を配分する案である。

第二に、経済事業の赤字を少なくとも正准組合員が合意しうる程度まで解消する必要がある。今回のＪＡ自己改革は経済事業を黒字化する努力の一環とも捉えることができる。もとよりそれは、生産額・

販売額を増大し、そこからの低率の手数料収入を増やすといった厳しい道筋である。

では営農指導事業の赤字はどうするか。そもそも少額の賦課金を除き直接の収益のない営農指導事業は赤字化するのが当然であり（JA花巻にみたように経済事業の黒字で営農指導事業の赤字補てんを射程に入れているJAも存在するが）、それはどこからか補てんするしかない。

問題はその補てんの水準と論理の組み立てである。水準については、本書は部門別損益における正組合員一人当たりの営農指導事業の赤字額、いいかえれば他部門なかんずく信用共済事業部門から補てんしなければならない額をもって、その農協の営農指導事業への注力度の指標としてきた。それは全国平均で前述のように2万5046円（2015年度）だった。表4－1にみるように各JAの数値はさまざまだが、平均して全国平均程度の注力度は求められよう。

次に論理の組み立てについてだが、営農指導事業も正組合員の技術・経営の改善を目的とする限りでは、正組合員のための経済行為と言えるが、直接に収益を生む事業ではない。とすれば、それは地域農業を持続可能にし、食料自給率の向上や多面的機能の発揮に寄与する準公共財的な位置を与えられないか。農業の持つそのような側面の発揮に寄与することを認める者は、農業者か否かに関わらず一定の議決権を有する組合員として農協に迎え入れる（農的地域協同組合化）(8)。同時に、直売所農業や自家菜園的農業等にも営農指導のウイングを伸ばす。このような形で営農指導事業向けの収益配分に正統性を与えることはできないか。准組合員について「パートナー」とか「応援団」といった情緒的表現でいつまでもお茶を濁しているわけにはいかず、制度対決が求められる。

そうなると、合併においても、たんに信用事業の規模を大きくすることを実質的に第一義の目的とするのではなく、やはり「産地農協としての持続性確保のための合併」という面を意識的に追求する必要性がある。

そのように考えた場合も、その立地条件からして経済事業の黒字化が困難な都市農協や中山間地域農協の問題は残る。そこでは都市農業を守り、中山間地域農業を守ることの意義、その公共性（みんなのため）を改めて確認するような自己改革が求められる。

最近の広域合併（例えばＪＡしまねやＪＡながの）、あるいは進行中の合併構想では、ことさらに産地形成、広域営農指導体制等が強調されているのは、同趣旨の動きと受けとめたい。

このようなビジネスモデルの転換は、一部、政府が強制する農協「改革」と重なるところがある。違いは、政府のそれが、歴史的に形成されてきた農協系統組織、総合農協のあり方を外部から権力的に否定し、准組合員利用規制、信用事業の代理店化等を押し付けるところにあり、農協改革ではなく農協潰しだという点である。総合農協がたどってきた道を全否定するのではなく、その道（准組合員や信用事業の比重増大）のうえで、経済民主主義に即したあり方に軌道修正していくことが現実的課題である。

注

(1)なお経営層からすれば、最近では農協の職員の採用難が顕著で、大きく合併したＪＡ本店で採用して、中山間地域や離島に配置する試みが追及されている。合併の隠れた目的の一つである。

(2)本書で「産地農協」とは、それなりの販売額を有し、農業関連事業が黒字か、黒字化を射程に入れている農協とする。その到達点は経済事業の黒字で営農指導事業の赤字をカバーしうる農協である。

（3）冬木勝仁「宮城県における農協合併」『農業・農協問題研究』66号、2018年。

（4）大規模農協化することで臨時雇用者の割合が増えることが、労働生産性の上昇を抑えている可能性がある。

（5）いま、県信連の貯金をすべて農中への預け金に回し、「基本部分」を預け金の5割とし、農中の奨励金利率引き下げが単協に直に反映するという仮定をおいた場合、単協への奨励金は、ⓐ奨励金利率の引き下げにより現行の28％減り、ⓑさらに准組合員の利用を正組合員の半分とする規制がされた場合、正組合員の貯金割合が35％のJAでは、貯金額は30％減り、奨励金は50％減る。

（6）問題は准組合員利用規制の行方である。斉藤健農水大臣は、2017年末には「必要な議論はおおむね終えたとの認識を示し、『だいたいが収束しつつある』と述べた」とされ（日本農業新聞、12月27日）、信用事業の「譲渡を強制する意図は全くない」とした（同新聞、2018年3月21日）。安倍首相も2018年7月19日に日本農業新聞の単独インタビューに初めて応じた（同新聞、7月20日）。農協「改革」等にらつ腕をふるった農水次官も退官した。

しかし、准組合員利用規制は、職能組合化という農政の本来的課題に即し、5年の時限を付して検討が法制化された事項であり、かつ都市農協と産地農協を分断させやすい。油断したり、分断に乗ったりすればたちまち強行される可能性を秘めている。また准組合員の多い農協と少ない農協を合併させることで攻撃をかわそうとする思惑も合併問題の矮小化である。

（7）野口悠紀雄『異次元緩和の終焉　金融緩和政策からの出口はあるか』日本経済新聞出版社、2017年。

（8）拙稿「協同組合としての農協」（拙編著『協同組合としての農協』筑波書房、2009年）。

おわりに

21世紀に入りほぼ隔年で時論集を出してきた（奥付）。本書は9冊目の時論集にあたる。テーマが農協に限定されるが、農協を取り巻く事態に鑑みて、取りまとめを急いだ。

本書では既に合併が（一応は）完了した事例のみを取り上げた。ＪＡへの仲介は、農協協会の佐々木昌子常務にお願いし、ヒアリング結果は『農業協同組合新聞』（ＪＡｃｏｍ）に掲載した。掲載にあたっては、対象ＪＡの窓口担当になっていただいた方々の校閲を仰いだ。今回、個人の書に取りまとめるにあたっては、校閲での指摘はそのままとしつつも、私見を交えた。その責任はあげて筆者にある。

ヒアリングの対応・窓口をしていただいた主な方々のお名前を章節順に記しておく（肩書は当時）。

岡田孝浩（香川県農協中央会参事）、木内秀一（ＪＡ香川県常務）、赤嶺勇（ＪＡおきなわ初代理事長）、砂川博起（沖縄県農協中央会長）、普天間朝重（ＪＡおきなわ専務）、外間敬章（同農業統括部次長）、萬代宣雄（ＪＡしまね相談役）、金築力（同常務）、影山喜一（同上）、珍部誠（同改革推進部部長）、矢田満（同総合指導課長）、阿部勝昭（ＪＡいわて花巻組合長）、高橋勉（同副組合長）、三浦正寿（同常勤監事）、小田島浩徳（同企画部長）、渡辺毅（福島県農協中央会ＪＡ支援部長）、結城政美（ＪＡ福島さくら組合長）、菅野孝志（ＪＡふくしま未来組合長）、加藤光一（同企画部長）、五十嵐孝夫（Ｊ

A福島よつば専務)、星雄幸(同企画部長)、星晴博(同営農部長)、豊田実(JAながの組合長)、刈間章雄(同企画管理部長)、小池宏明(同営農部長)、木村盛和(JA山形おきたま組合長)、佐藤博行(同営農企画課長)。

とくにヒアリングの開始期にお訪ねした萬代宣雄氏と普天間朝重氏には、農協のあり方、将来について多大の教えをいただき、その後のヒアリングの指針とさせていただいた。

ヒアリングは合併農協トップ層に対するものであり、被合併農協の旧役員、農家組合員、農協に働く方々からすれば、全く別の見方や評価もあろう。そのような限界を強く自覚しつつ、活発な議論に期待したい。時間はそう残されてない。

本研究の費用は、主としてJSPS科学研究費基盤研究C・17K07963330による。

本書の制作にあたっては、松﨑めぐみさん(横浜国立大学)に科研費事務ともどもお世話になり、また筑波書房の鶴見治彦社長には迅速に作業していただいた。

以上を記して、全ての関係者に深く感謝する。

2018年7月

田代　洋一

著者略歴

田代　洋一（たしろ　よういち）

1943年千葉県生まれ、1966年東京教育大学文学部卒、農水省入省。横浜国立大学経済学部、大妻女子大学社会情報学部を経て現在は両大学名誉教授。博士（経済学）、専門は農業政策。

時論集

『日本に農業は生き残れるか』大月書店、2001年11月
『農政「改革」の構図』筑波書房、2003年８月
『「戦後農政の総決算」の構図』筑波書房、2005年７月
『この国のかたちと農業』筑波書房、2007年10月
『混迷する農政　協同する地域』筑波書房、2009年10月
『反TPPの農業再建論』筑波書房、2011年５月
『戦後レジームからの脱却農政』筑波書房、2014年10月
『農協改革・ポストTPP・地域』筑波書房、2017年３月

農協改革と平成合併

2018年9月13日　第１版第１刷発行

著　者　田代洋一
発行者　鶴見治彦
発行所　筑波書房
東京都新宿区神楽坂２－19 銀鈴会館
〒162－0825
電話03（3267）8599
郵便振替00150－３－39715
http://www.tsukuba-shobo.co.jp

定価はカバーに表示してあります

印刷／製本　中央精版印刷株式会社

ISBN978-4-8119-0540-2 C0033